蓬軟可愛の
立體刺繡

從基礎到進階

111 個浮雕感布面裝飾圖案

×**25** 件應用提案 · **3D** 吊飾設計

アトリエ Fil ◎著

蓬軟可愛の
立體刺繡

Stumpwork，

是藉由塞入填充物或以懸浮技法呈現出立體感的刺繡。

特別適合作成圓鼓飽滿，富有無限魅力的花朵，

或美麗色彩的蔬菜、水果、甜點等。

本書將以柔和又淺顯易懂的「Atelier Fil流」立體刺繡，

讓存在於日常生活周遭的事物以全新樣貌呈現於你的眼前。

親自體驗後，

你也一定會沉浸在蓬軟可愛的立體刺繡樂趣中！

此外，也誠摯地希望經由不限於平面表現的刺繡創作，

能讓你的刺繡世界更加開濶豐富。

アトリエ Fil（Atelier Fil）

contents

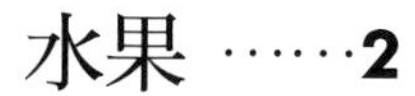

水果
fruits

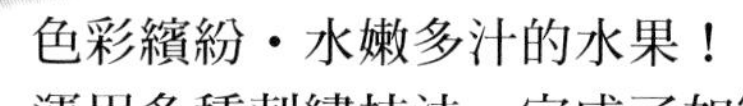

色彩繽紛・水嫩多汁的水果！
運用多種刺繡技法，完成了如實物般的擬真作品。

作品圖為原寸

繡法 *a.b.c* …**P.39**
d.e.f …**P.40**
g.h.i …**P.41**

a 香蕉

b 哈密瓜

c 草莓

d 西洋梨

e 蘋果

f 鳳梨

g 櫻桃

h 李子

i 木瓜

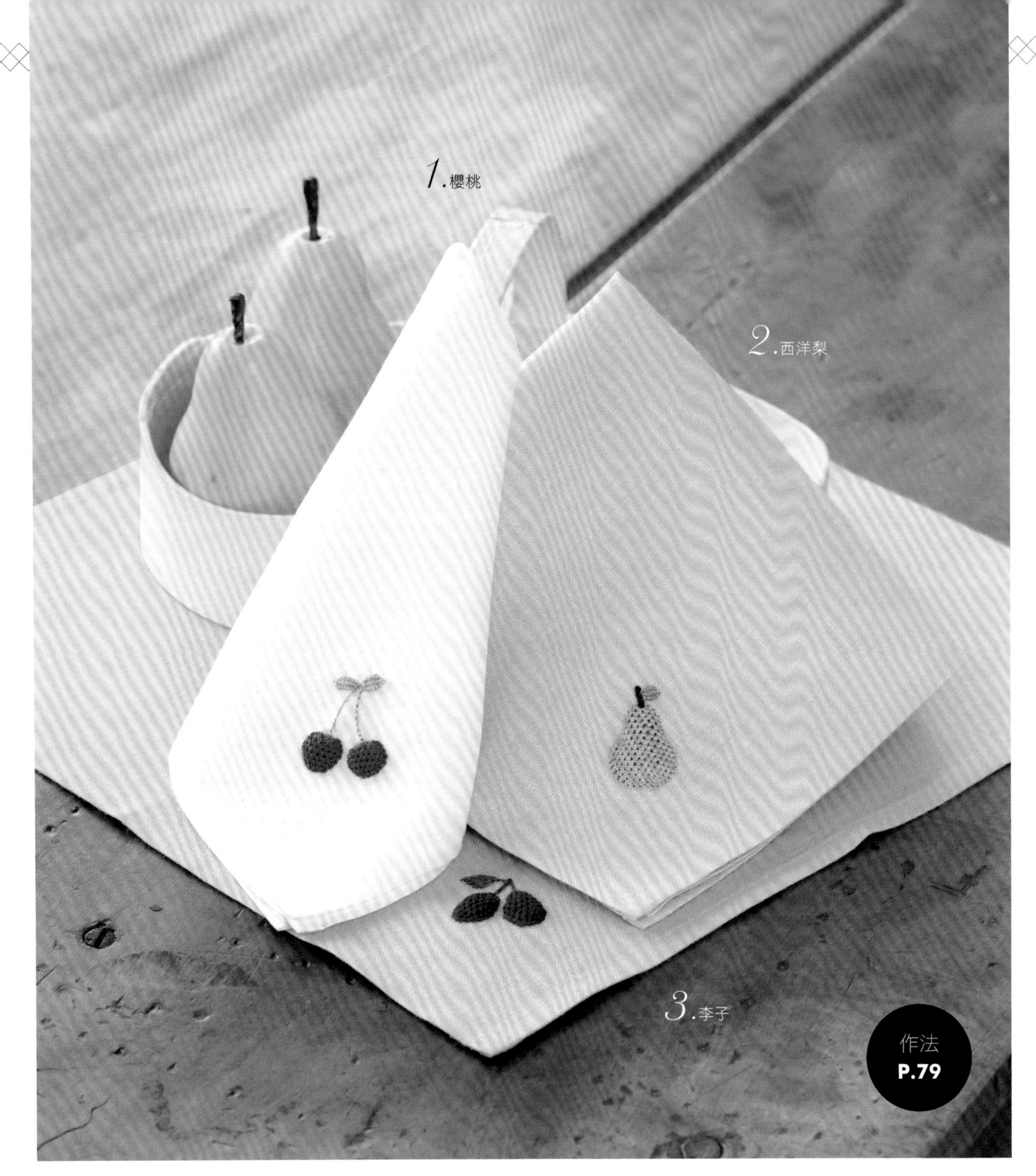

餐巾

將櫻桃、西洋梨、李子圖案在餐巾上作重點刺繡。
亦可作為便當包巾或提籃罩布使用。

P.2作品側視圖

蔬菜
vegetables

作品圖為原寸

繡法 *a.h.i* …**P.43**
b.d …**P.44**
e.f.g …**P.42**
c …**P.45**

當日常熟悉的蔬菜也變成立體刺繡時，看起來特別新鮮有趣。
白菜葉＆生菜葉、甘薯的鬚根……寫實的表現方式格外引人注目。

a 花椰菜

b 蕪菁（大頭菜）

c 白菜

d 茄子

e 紅葉生菜

f 中型蕃茄

g 甘薯

h 花生

i 青花菜

吊飾

將圓滾飽滿的
全立體花生造型吊飾，
掛在購物袋的提把上。

作法
P.78

購物袋

繡上一字排開的蔬菜，
讓購物袋變得無比可愛，
就連日常購物也更有樂趣了！

作法
P.78

作品圖為原寸

繡法 *a.c.d.e* …**P.48**
b …**P.52**
f.g.h …**P.47**

琳瑯滿目的杯子蛋糕、水果派……
光是看著，就能讓人沉醉在幸福的氛圍裡。

a 蒙布朗

b Ispahan 玫瑰覆盆子荔枝馬卡龍

c 覆盆子杯子蛋糕

d 巧克力杯子蛋糕

e 藍莓杯子蛋糕

f 藍莓派

g 蘋果派

h 沙哈巧克力蛋糕

吊飾

宛如從P.6作品圖中立體浮出般的
杯子蛋糕造型吊飾。
巧克力、薄荷、檸檬……
因為作法簡單，不妨多作一些，
當作禮物肯定大受歡迎。

6

作法
P.50
（step by step步驟圖解）

馬卡龍 & 糖果
macaroons & candies

圓蓬蓬的可愛馬卡龍＆糖果。
繽紛多彩的顏色與口味真是令人期待！

作品圖為原寸

繡法 *a*至*e*…**P.45**
*f*至*l*…**P.46**

胸針

糖果造型的胸針。
不論是單個配戴或兩個並列裝飾，
都很俏皮討喜。

P.8作品側視圖

波奇包

在深色波奇包上點綴粉彩色的馬卡龍，是不是顯得加倍可愛呢？

巧克力
chocolate

作品圖為原寸

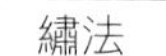

繡法 **P.30**至**P.37**

宛如寶石般美麗的巧克力。
由左上開始分別為甜巧克力、松露巧克力、苦味巧克力、蛋白糖霜脆餅、心形巧克力、橘子條巧克力、方格巧克力、金磚巧克力、葉片巧克力。請自由挑選喜歡的口味！

巧克力

全立體的單顆巧克力，
可置於盤上作陳列擺飾，
或加上五金作成吊飾使用。

作法
10至13
P.77

下午茶
afternoon tea

繡法 P.49

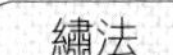

三層蛋糕架上排放著蛋糕＆三明治。
前側的盤子盛著剛烤好的瑪德蓮蛋糕，茶壺裡裝著熱紅茶。
這樣優雅的茶會是不是也令你心生嚮往呢？

冰淇淋
icecream

作品圖為原寸

繡法 *a.b.c.d.e* …**P.53**
f.h.i …**P.54**
g …**P.51**

冰冰涼涼的～冰淇淋！
甜筒＆冰棒，你喜歡哪一種？

a 芒果×藍莓

b 薄荷×巧克力

c 起司蛋糕

d 巧克力

e 橘子

f 巧克力

g 西瓜

h 草莓

i 蘇打

作品圖為原寸

繡法 *a.c* …**P.55**
b …**P.54**

滿滿奶油的抹茶、草莓、芒果芭菲，
是外觀魅力值滿分的甜點。

a 抹茶

b 草莓

c 芒果

P.12作品側視圖

甜甜圈 & 閃電泡芙
donuts & eclairs

作品圖為原寸

繡法 *a*至*c*, *j*至*l*…**P.56**
*d*至*i*…**P.57**

圓形中空的甜甜圈＆細長形閃電泡芙，
點綴上繽紛多彩的配料，營造出時尚感。

a 開心果

b 草莓

c 巧克力

d 覆盆子

e 檸檬

f 白巧克力

g 哈密瓜

h 草莓

i 巧克力

j 法式花捲甜甜圈・藍莓

k 法式花捲甜甜圈・巧克力

l 奶油

作法
14至16
P.57

吊飾

將P.14甜甜圈 ***a***・***b***・***c*** 製作成全立體吊飾。
看起來就像實物般的美味可口！

P.14作品側視圖

麵包
breads

作品圖為原寸

繡法 *a.b.d.g* …**P.59**
c.f.h.i …**P.58**
e …**P.60**

外表看起來會讓人忍不住想咬一口的美味麵包！
豐富的種類，令人不知該從何下手。

a 卡帕尼

b 可頌

c 法式長棍麵包

d 丹麥酥麵包

e 果醬

f 布里歐麵包

g 聖誕史多倫麵包

h 德國麵包

i 裸麥麵包

作品圖為原寸

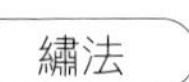

在土司上塗抹滿滿的草莓果醬，
配上新鮮摘下的紅葉生菜，享用美味早餐吧！

P.16作品側視圖

讓料理更豐富有趣，色彩鮮豔的廚房用具們。

作品圖為原寸

繡法 *a.e.i* …**P.62**
b.c.d.f …**P.61**
g.h …**P.63**

a 隔熱手套

b 熱水瓶

c 平底壺

d 砂鍋

e 廚房料理秤

f 砂鍋

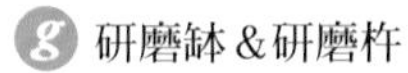

g 研磨缽＆研磨杵

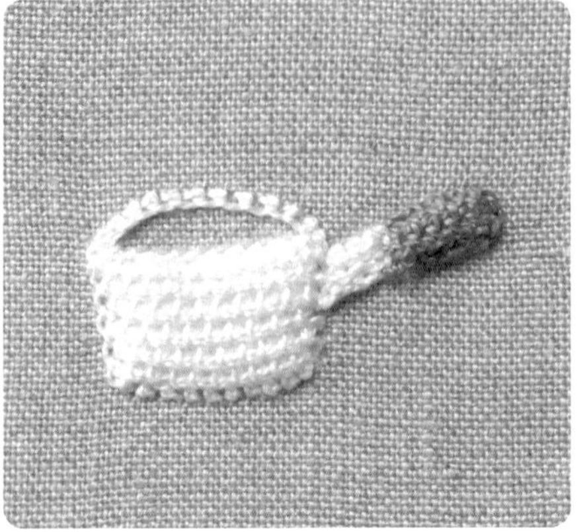

h 單柄牛奶鍋

i 手持式攪拌機

圍裙

將市售圍裙繡上廚房用具，
製作成個人獨有的設計單品。
繡線顏色建議與圍裙上
既有的色彩進行搭配。

作法
P.79

17

18

隔熱墊／手套

繡上蓬鬆飽滿的隔熱手套圖案，
one point 就很可愛！

作法
P.79

提籃
baskets

日常購物用、外出用……
多款不同用途的各式提籃一次備齊！

作品圖為原寸

繡法
a …**P.69**
b.c …**P.66**
d …**P.65**
e.f.g …**P.67**

a

b

c

d

e

f

g

提籃

於手提籃的袋布上，
以提籃圖案進行重點刺繡，
營造出簡約時尚的風格。

作法
P.79

P.20作品側視圖

作品圖為原寸

手提袋
bags

繡法 *a.d.i* …**P.68**
b.f …**P.64**
e.h …**P.63**
c.g …**P.69**

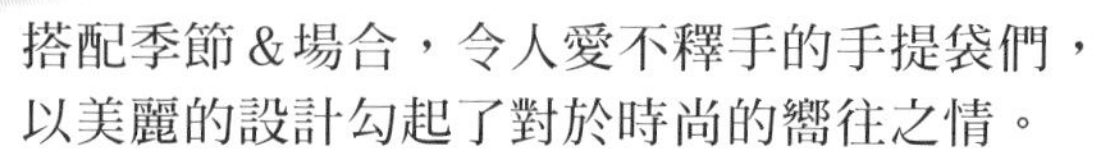

搭配季節&場合，令人愛不釋手的手提袋們，
以美麗的設計勾起了對於時尚的嚮往之情。

吊飾

人見人誇的超可愛手提袋吊飾。
作品20手提箱的拉桿真的可以伸縮唷！

化妝品

cosmetics

作品圖為原寸

繡法 *a.b.c.f* …**P.76**

d.e.h …**P.74**

g.i …**P.75**

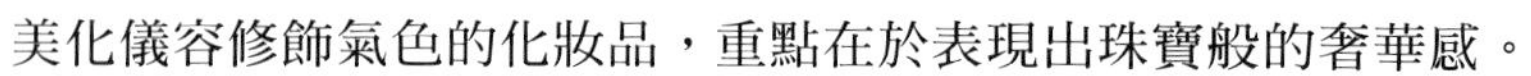

美化儀容修飾氣色的化妝品，重點在於表現出珠寶般的奢華感。

a 香水

b 香水

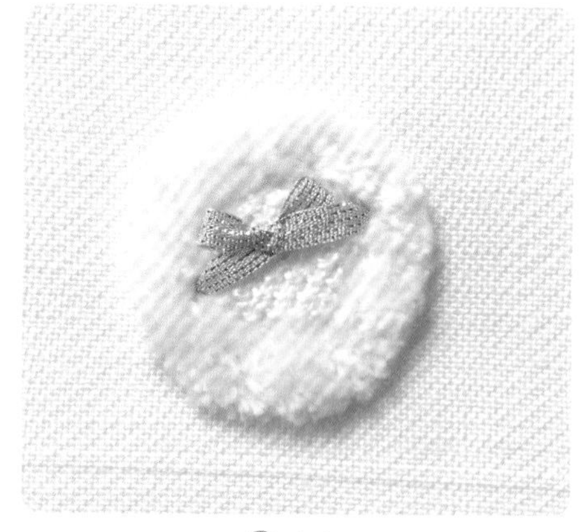

c 粉撲

d 睫毛膏

e 指甲油

f 彩妝刷

g 腮紅

h 口紅

i 眼影

波奇包

化妝品圖案的刺繡正好適合化妝波奇包！
在天然亞麻布的襯托之下，粉紅色＆紅色口紅更加亮麗好看。

作法
P.79

P.24作品側視圖

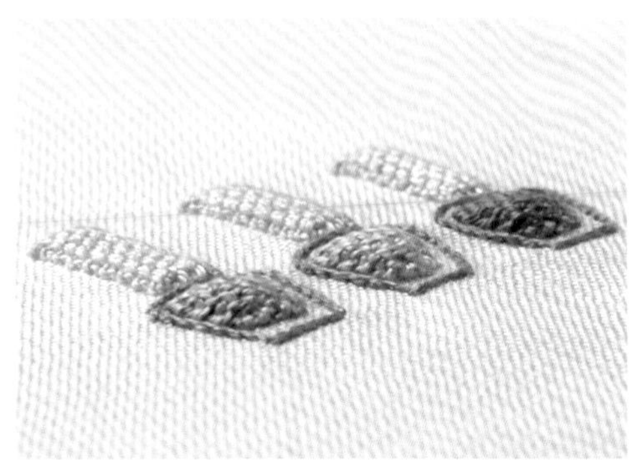

立體刺繡的基礎

作法流程

到立體刺繡完成為止的重點技巧流程。

1 **製作輪廓**

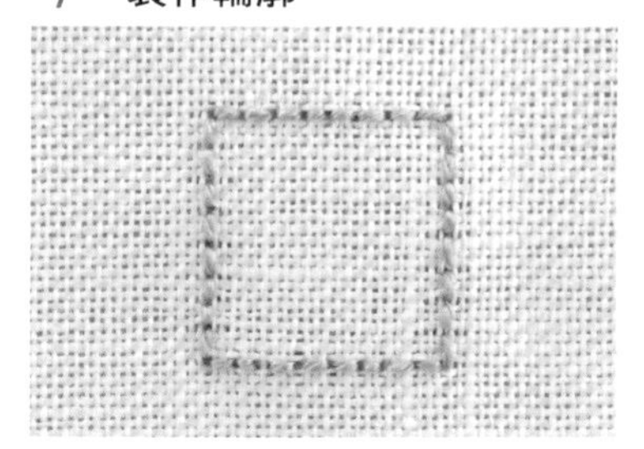

以回針繡製作輪廓。

2 **起針**

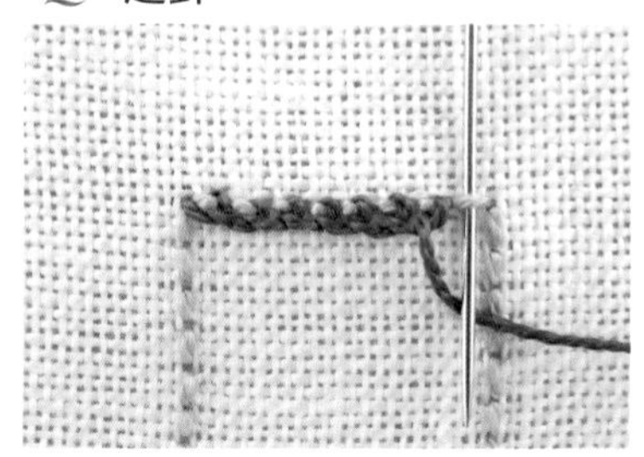

將上邊的回針繡挑針，進行釦眼繡。

3 **渡線**

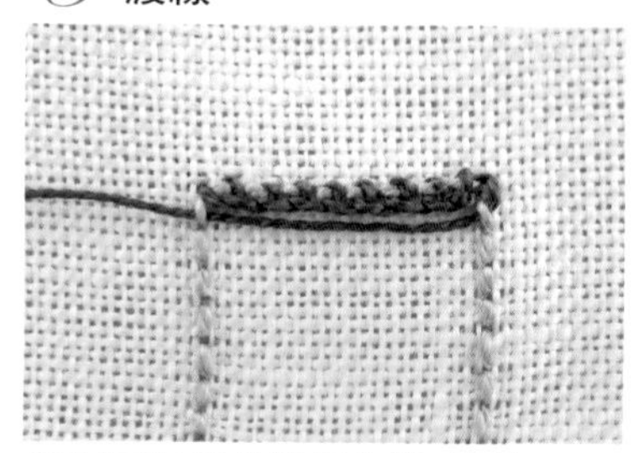

穿過回針繡的縱目之後，渡線。

4 **進行釦眼繡**

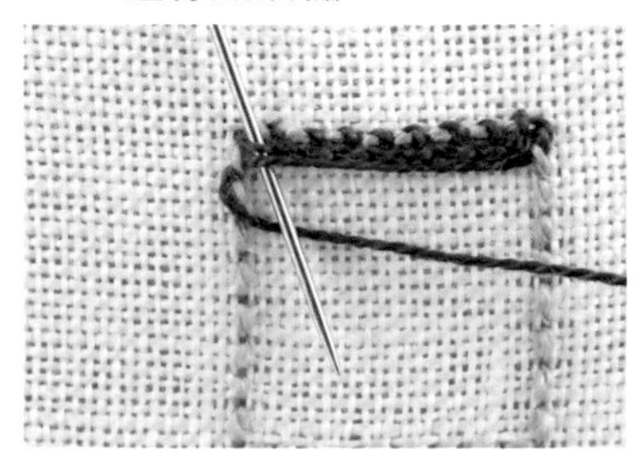

僅以釦眼繡的線與渡線的線作挑針（布面不挑縫），進行釦眼繡。

5 **以釦眼繡填滿圖面**

重複步驟4，填滿圖案面積。更換顏色時，另起新線換色。

6 **填塞不織布，縫合**

於繡線與布面之間填入不織布等填充物，以捲針縫縫合。

輪廓的回針繡&刺繡圖案讀法

立體刺繡的輪廓皆使用回針繡。橫列記為針目（簡稱為針），縱列記為段數（簡稱為段）。

基本皆自左上開始刺繡，於右下結束刺繡。依作品不同，也有可能在將圖案橫向或顛倒放置的狀態下進行刺繡。

作法頁中，有的作品提供回針繡與&刺繡圖案兩種圖稿，也有部分作品僅有刺繡圖案的圖稿。

提供兩種圖稿的作品，首先應確認輪廓的回針繡針數，完成輪廓刺繡。接著再參照圖案標示，確認填繡圖面的釦眼繡繡線顏色、填充物、裝飾等，完成作品。

輪廓的回針繡

※除了此圖示為放大尺寸之外，其餘作法頁的圖稿皆為原寸大小。

以釦眼繡進行填繡的起繡位置

藍線 — 於每3針或4針處加註（以便目測）的記號

紅線 —
針…橫（→）
段…縱（→）
橫&縱的分區

起點

8針

針目進行方向（務必由左而右）

針目的方向

#8
801

8段

段的方向

段的進行方向

（※亦有橫向或逆向進行的作品）

終點

※繡線為DMC繡線的色號。

粗黑線 — 回針繡的針目大小

釦眼繡的止繡位置

繡刺圖案

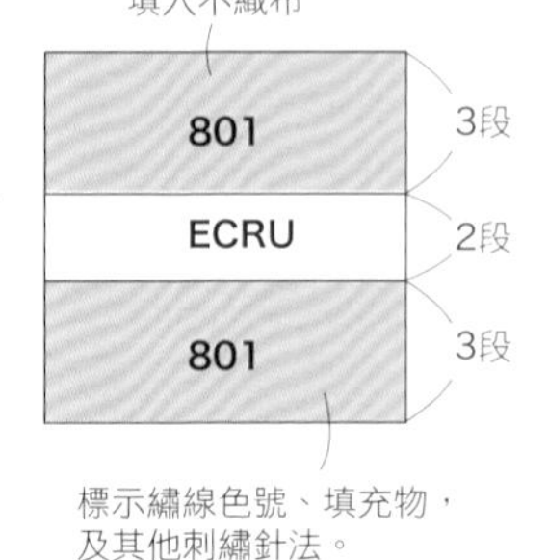

輪廓的回針繡&刺繡圖案

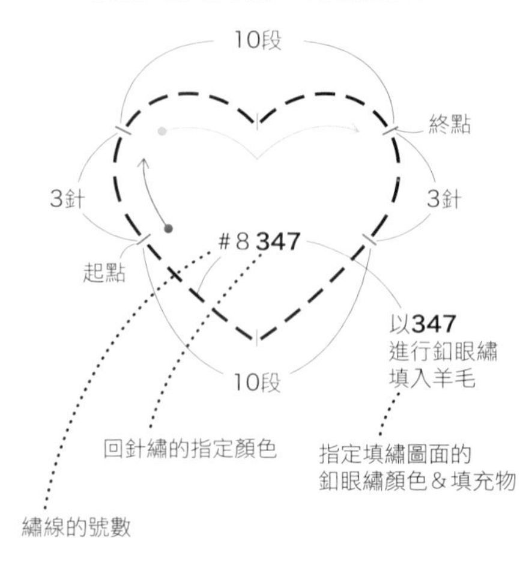

材料&工具

立體刺繡主要是取1股8號繡線或3至4股25號繡線。

DMC繡線

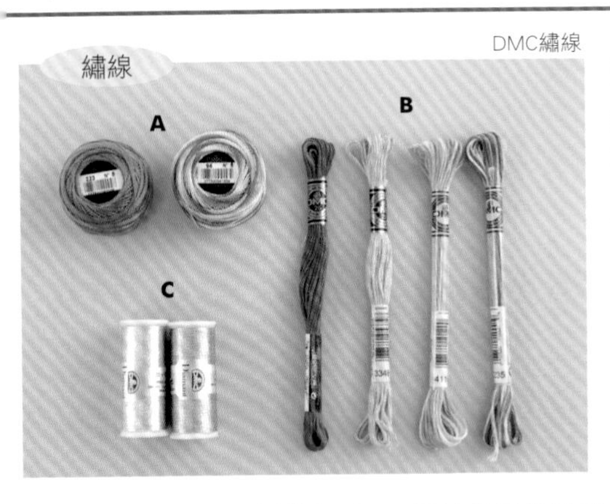

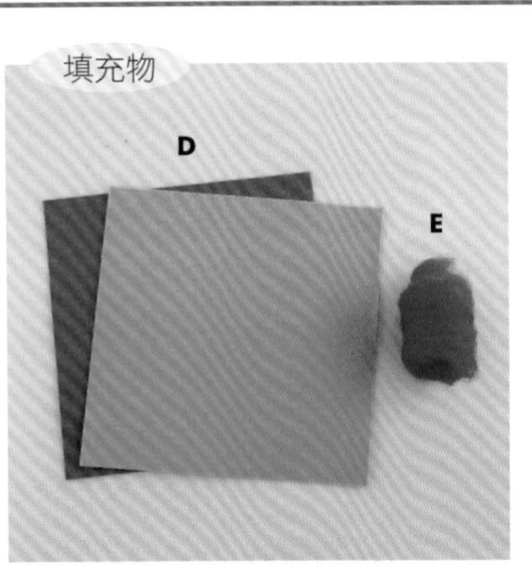

★=Adger工業

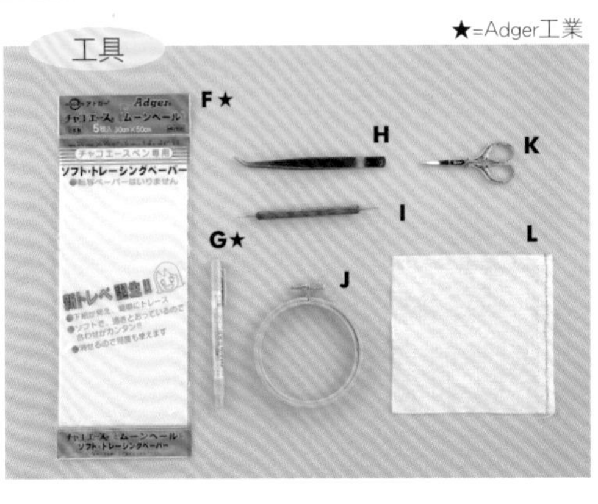

A 8號繡線…此線材僅有1股，屬於較粗的繡線。亦有漸層段染色線。
B 25號繡線…由6股細紗鬆鬆地撚成一束的繡線。
C 金蔥線…有金線、銀線，可取1股或2股使用。
D 不織布…想呈現些微立體感時，填塞於刺繡織面下方。
請使用與繡線顏色相近的不織布。
E 羊毛氈羊毛…想讓作品圓蓬鼓起時，填塞於刺繡織面下方。
F 刺繡轉寫襯★…轉印圖案專用的紙。
G 布用轉印麥克筆★…複寫圖案轉印至布面上的麥克筆。
H 鑷子…填入填充物時使用。
I 錐子…填入填充物，進行調整時使用。
J 刺繡框…不需過大，準備直徑約10cm的刺繡框即可。
K 線剪…剪繡線專用的小剪刀。
L 布…任何布料皆可。本書使用麻布。

轉印圖案

將布片置於圖案上，若能透視，可直接以水消粉土筆等描畫圖案輪廓。無法透視時，可將刺繡轉寫襯置於圖案上，以布用轉印麥克筆描摹。完成後取下轉寫襯，置於布面上，再次描摹輪廓線，墨水即從紙上滲入轉印於布面，作出記號。刺繡完成後，可沾水消除墨水。

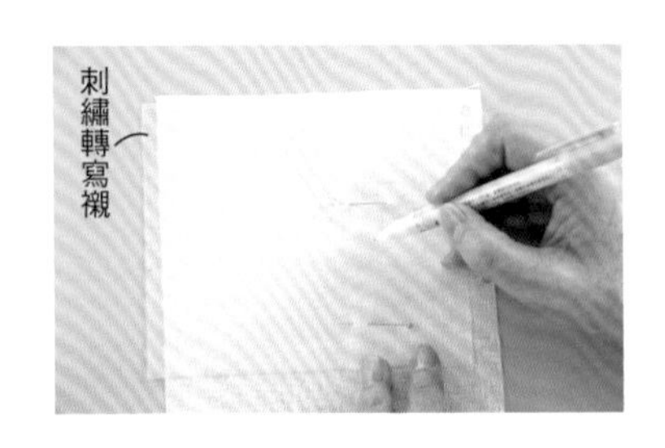

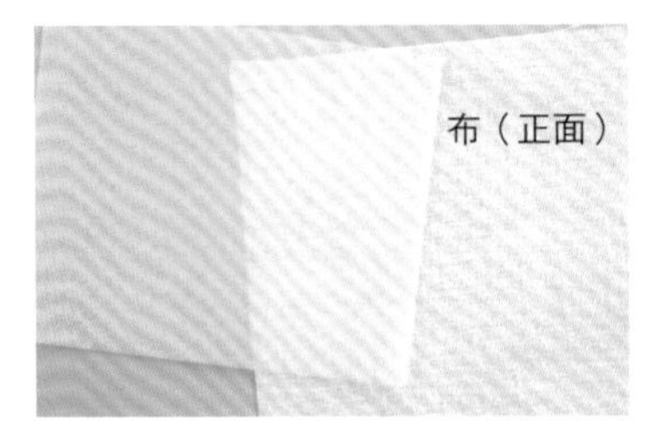

刺繡框・刺繡針・繡線

刺繡框…用於將布繃緊於刺繡框上。以免布面鬆垮，應確實拴緊螺絲。若慣用手為右手，為免刺繡時拉扯繡線，手持繡框刺繡時應使螺絲位於左下。

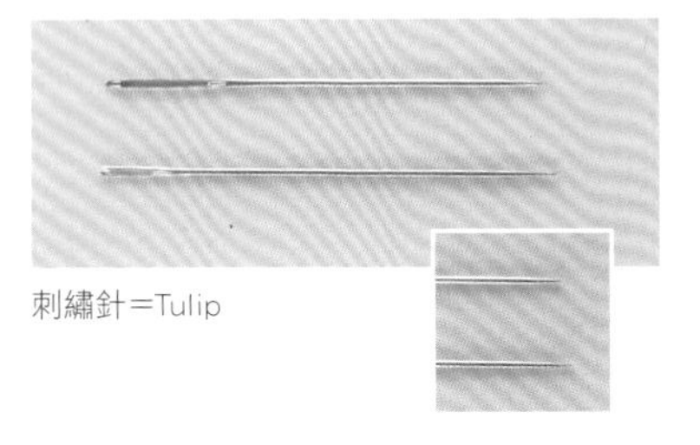

刺繡針＝Tulip

刺繡針…使用針頭尖銳的法國刺繡針No.5（圖下／回針繡時使用），以及針頭圓鈍的十字繡針No.24（圖上／釦眼繡時使用）。

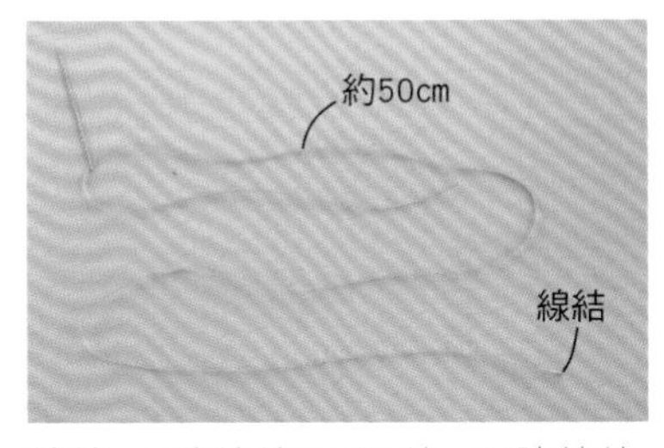

繡線…8號繡線取1股線，25號繡線則取3至4股線。為了避免纏線，每次取線以大約50cm長為基準。線端處打線結。

繡線收尾&換色

開始刺繡時打線結，結束刺繡時則務必於右側的回針繡入針後，將線穿繞在背面回針繡的線上數次，再將線剪掉。
換色時也請務必由右側回針繡的邊緣出針&渡線之後，再開始刺繡。

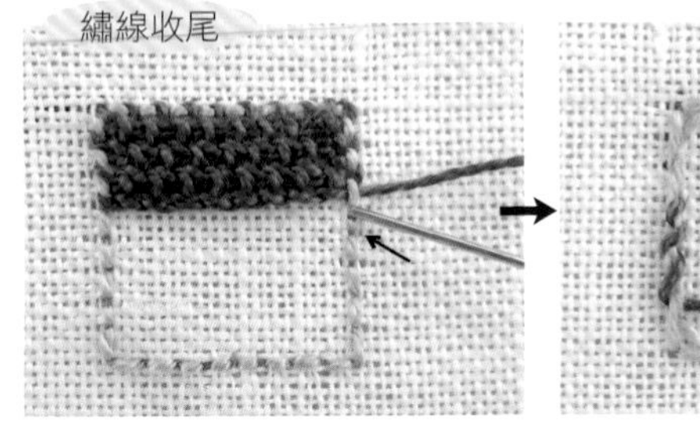

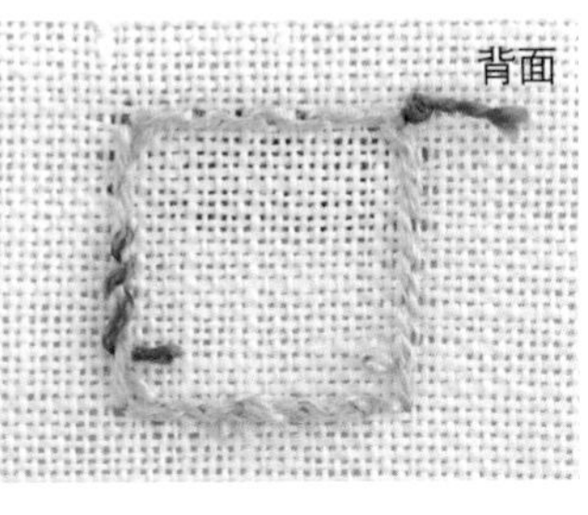

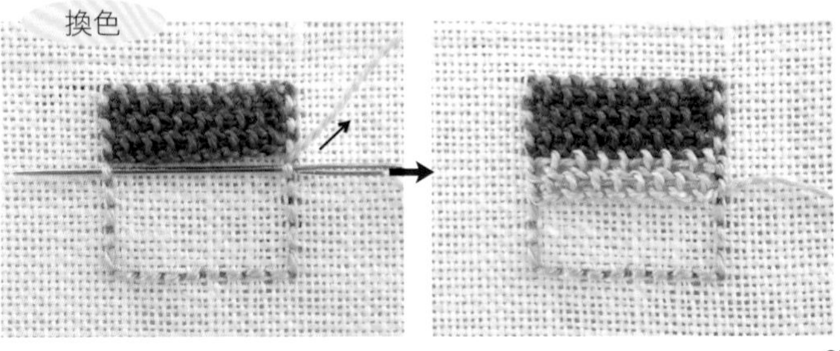

立體刺繡的繡法

立體刺繡是以回針繡於布面上繡出輪廓後，不挑縫布面，僅以繡線作挑針，以釦眼繡填滿圖面完成作品。
本書主要使用2種釦眼繡。

其一是渡線，並將渡線當作芯線，進行釦眼繡。
此繡法因為添加了芯線，所以稱為「盤線分離式釦眼繡（加入芯線、不繡觸布面的釦眼繡）」。本書中，簡稱為釦眼繡。

另一種則是不渡芯線，僅挑釦眼繡的線，逐段進行刺繡。此繡法呈螺旋狀前進或往復刺繡，由於無渡線，因此單純稱為分離式釦眼繡。

由於這兩種繡法皆不挑縫布面，刺繡織面呈浮空狀態為其特徵。是藉由填入不織布或羊毛作出飽滿的蓬鬆度，以呈現立體感。

盤線分離式釦眼繡Corded Detached Buttonhole stitch

①以回針繡製作外圍的輪廓（綠色部分）。
②僅以上邊的回針繡作挑針，以釦眼繡製作起針（水藍色部分）。
③將繡線穿過縱向的回針繡，以渡線作為芯線（橘色部分）。
④不挑縫布面，而是挑起針目與芯線，進行釦眼繡（粉紅色部分）。

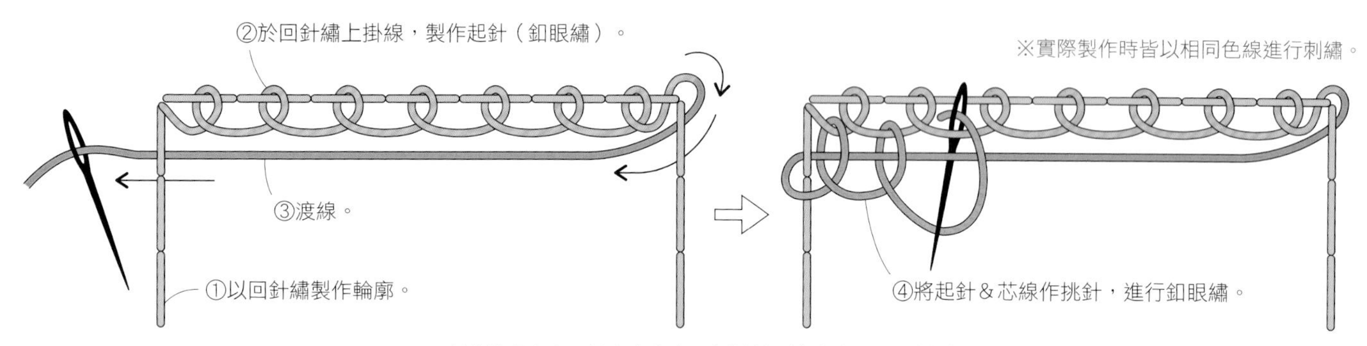

刺繡進行方向一律由左往右，刺繡針則由上往下運針刺繡（參照P.30）。

刺繡方法的種類

立體刺繡基本上可分為：不加針直接繡成四邊形、逐段加針、逐段減針等三種繡法，以上皆使用盤線分離式釦眼繡。
而繡製圓形圖案時，亦可採用由外圍開始，呈螺旋狀往內繡滿釦眼繡的方法（分離式釦眼繡）。

1 以相同針數繡製四邊形

以回針繡製作輪廓，並於上邊每1個針目挑1針釦眼繡，作為起針。繡至邊端時，再從上邊最後的回針繡處穿出，自右側縱向回針繡的第1段外側穿入後渡線，挑針目＆渡線的2條線進行釦眼繡。

左側最初挑針（**1**），右側最後不挑針（**2**），左側最初不挑針（**3**），右側最後挑針（**4**）。
每1段重複以上規律，保持相同的針數，即可完成無加減針的四邊形繡面。

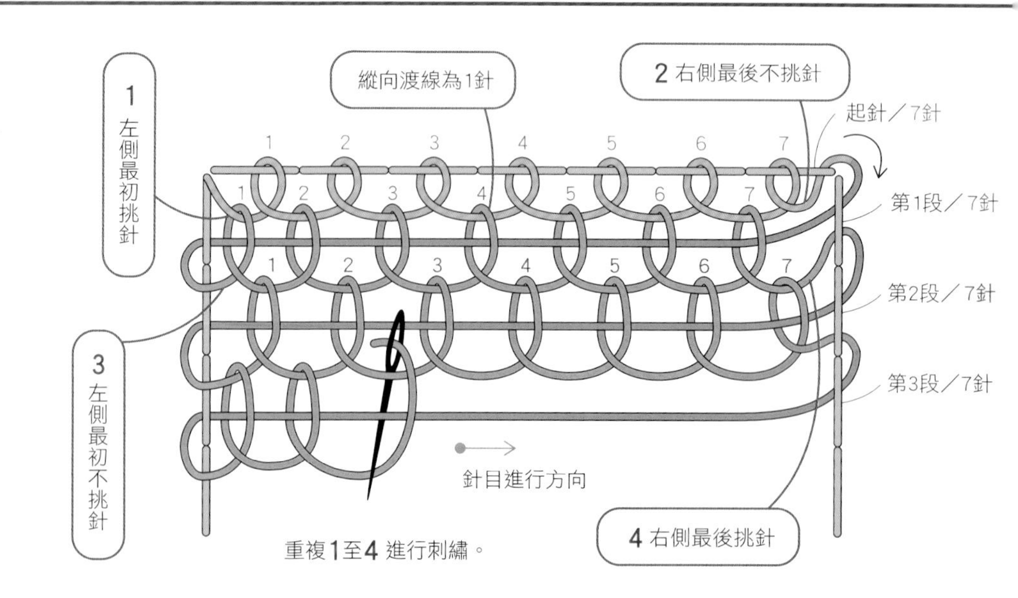

重複**1**至**4** 進行刺繡。

2 逐段增加1針

先以回針繡繡出下幅加寬的輪廓。
再以刺繡方法／相同作法，渡線後進行釦眼繡。
但右側最後，皆將掛於回針繡內側的線段進行挑針，因此逐段可增加1針。

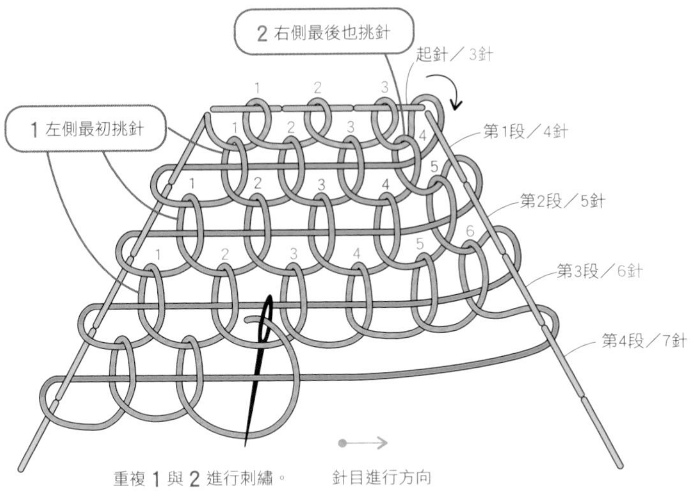

3 逐段減少1針。

先以回針繡繡出下幅縮減的倒梯形輪廓。再以刺繡方法／相同作法，渡線後進行釦眼繡。但左側回針繡渡線後的最初線段皆不挑針，因此可逐段減少1針。

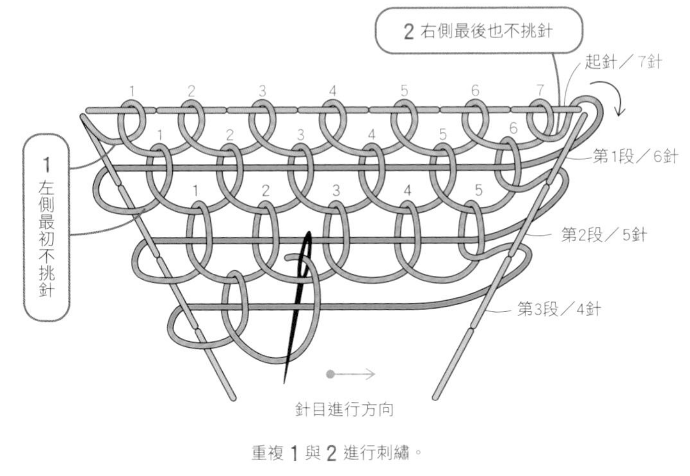

4 呈螺旋狀繡滿圓形的釦眼繡

圓形除了增減針數之外，另有呈螺旋狀逐圈刺繡的方法。
由外圍往內側逐圈刺繡，
這種不渡線的繡法稱為分離式釦眼繡。

圓形的立體刺繡方法

A…一邊增減針數，一邊橫向往復刺繡。 B…呈螺旋狀刺繡。

分離式釦眼繡Detached Buttonhole stitch

先挑回針繡的線，進行一圈釦眼繡（藍色的部分）。
第2圈挑第1圈的線，進行釦眼繡（粉紅色的部分）。

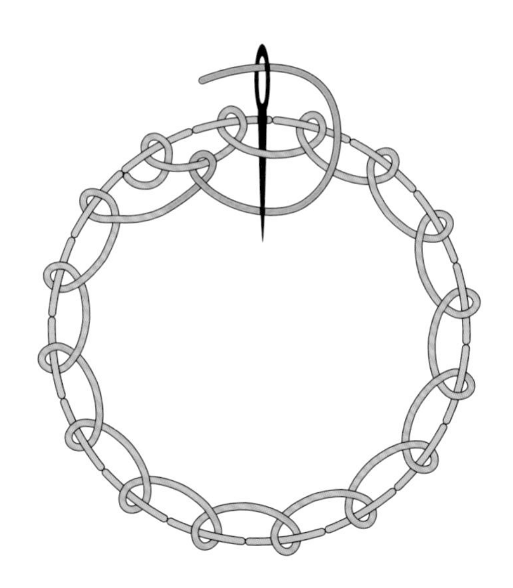

跳一針進行刺繡，以減少針數。

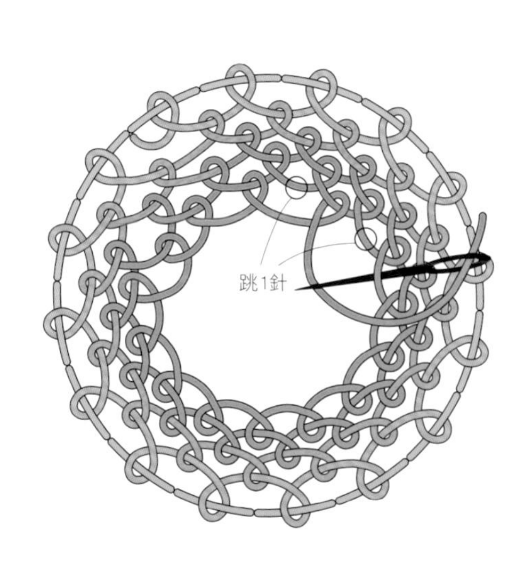

立體刺繡的各種繡法教學

在此將以P.10巧克力作品的step by step步驟圖解，
進行各種造型繡法的教作示範。
最基本的繡法是A方形巧克力與E心形巧克力。
請在此熟練以釦眼繡填滿圖案的
立體刺繡基礎技法。

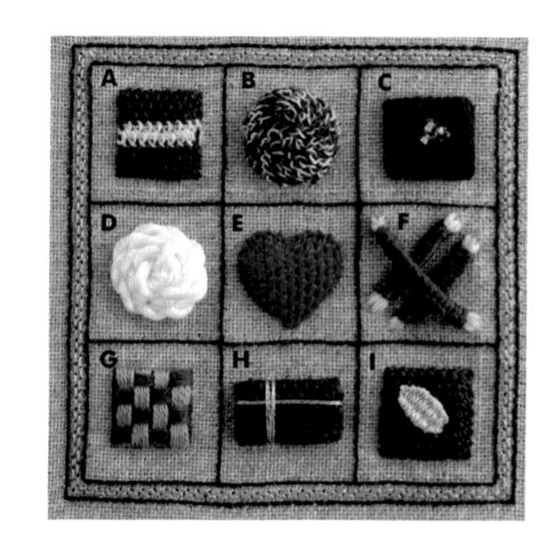

A…方形的立體刺繡
B…圓形的立體刺繡
C…浮雕莖幹繡
D…以繡線製作的撚繩
E…有加減針的立體刺繡
F…挑渡線的刺繡
G…棋盤格紋的籃網填滿繡
H…加繡高度（側面）的立體刺繡
I…浮雕葉形繡
（葉片的刺繡）

外框為回針繡　#8　**938**
金線為回針繡　**D3821**
原寸大小參照P.10

※為了更淺顯易懂，在此改以不同色線進行示範解說。

A 方形的立體刺繡

無加減針釦眼繡的立體刺繡。

輪廓的回針繡

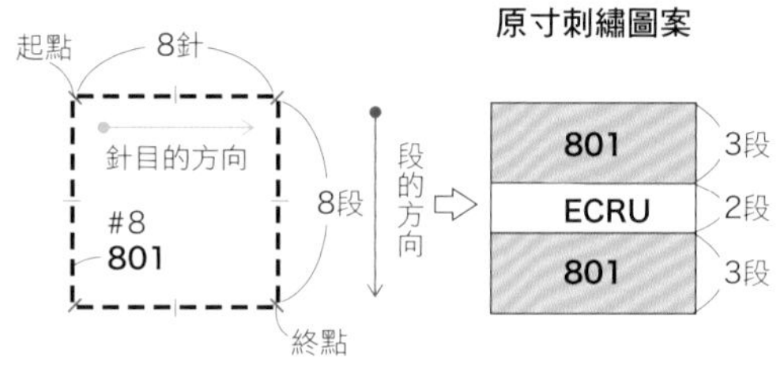

●以回針繡製作輪廓

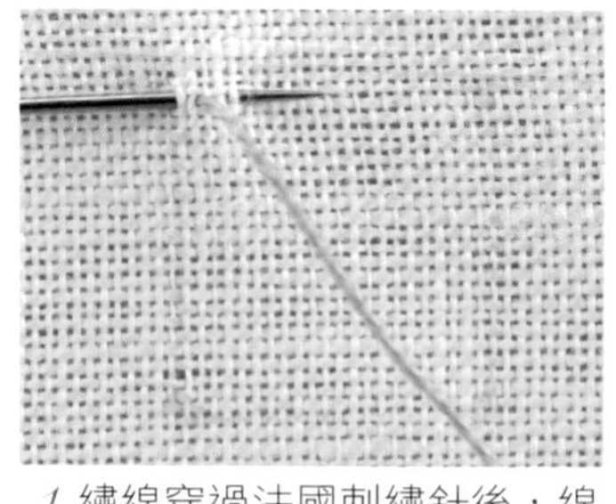

1 繡線穿過法國刺繡針後，線頭打結。從背面出針，開始進行回針繡（參照P.38）。

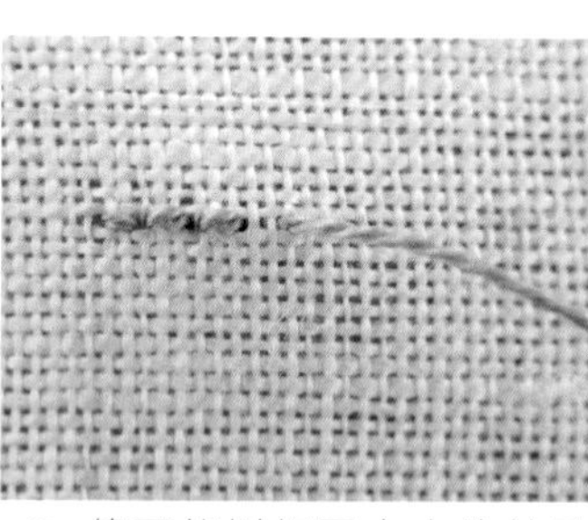

2 儘可能以相同大小的針目進行刺繡。

3 完成輪廓的回針繡。

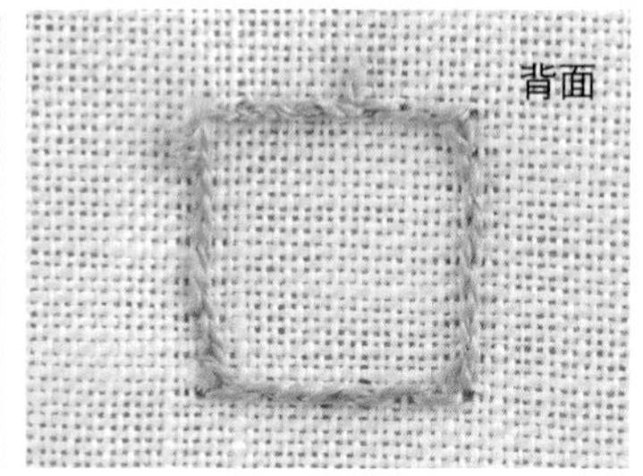

4 背面針腳的模樣。最後，於背面回針繡的線上穿繞數次，確實固定之後剪線。

●製作起針

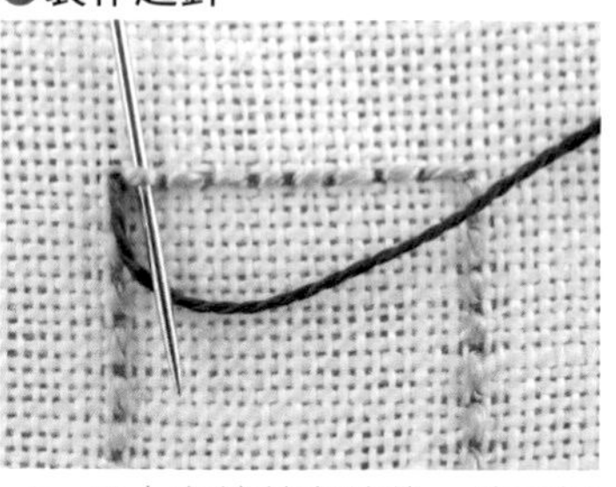

5 取十字繡針穿線後，線頭打結。從左上出針，於回針繡的第1針目中穿針，針下掛線。

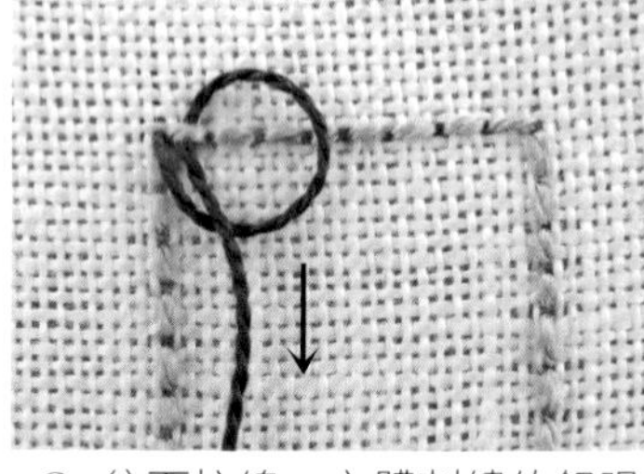

6 往下拉線。立體刺繡的釦眼繡是由上入針，往下拉線。

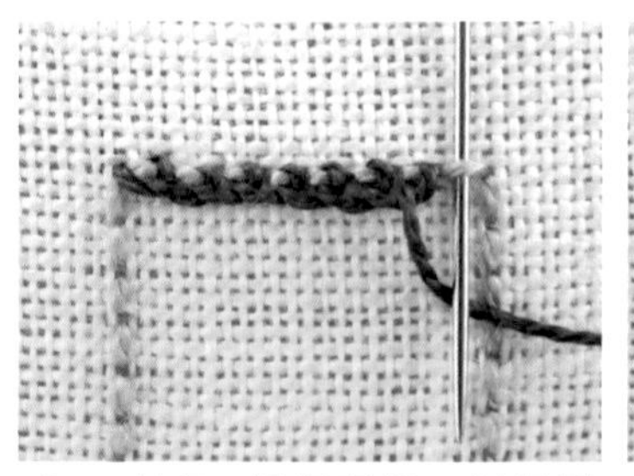

7 1針目1個釦眼繡，以相同作法完成起針。

●渡線

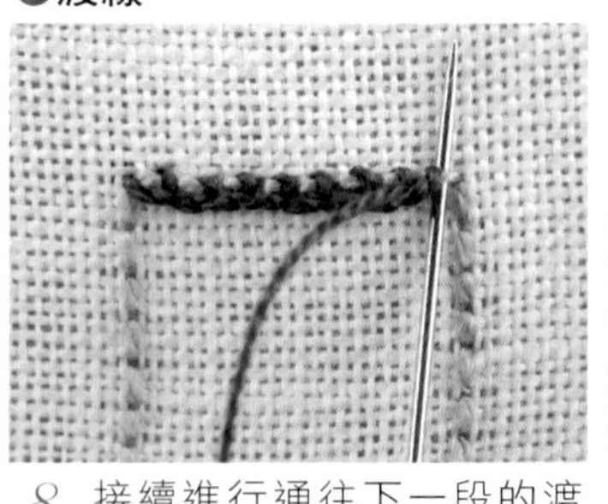

8 接續進行通往下一段的渡線。於回針繡第8針目的外側出針。

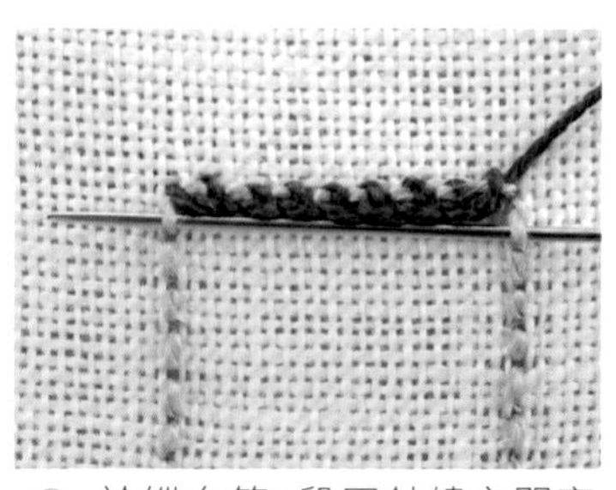

9 於縱向第1段回針繡之間穿入針。

10 抽出刺繡針，完成第1段的渡線。

● 第 1 段的釦眼繡

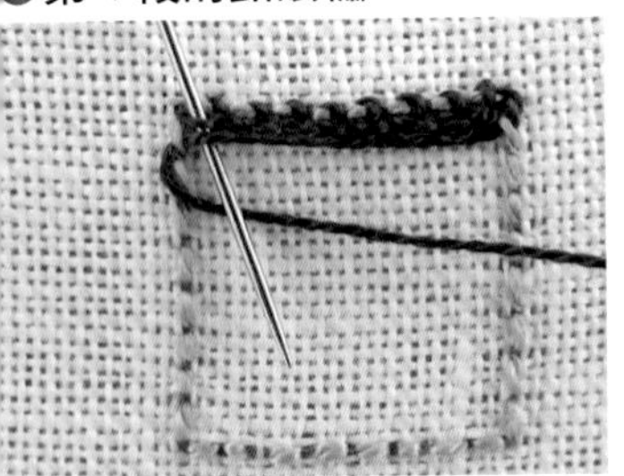

11 將起針的釦眼繡與渡線作挑針，並於針下掛線。

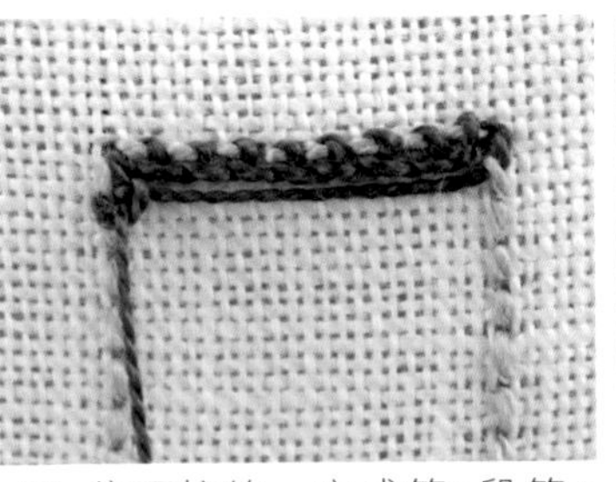

12 往下拉線，完成第1段第1針。

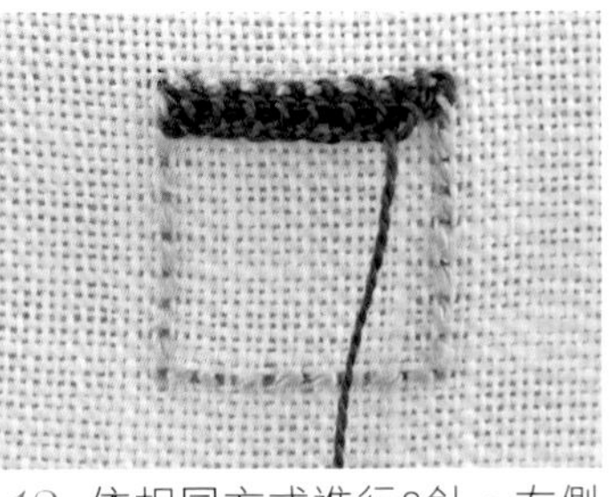

13 依相同方式進行8針。右側最後1針目不挑針（參照P.28）。

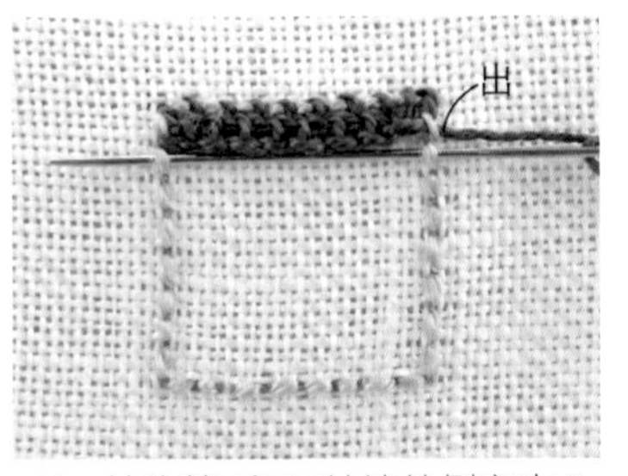

14 針往第1段回針繡外側穿出&拉線，進行第2段的渡線。渡線時，請務必於左右兩側同一段數的針目中入針。

15 完成渡線後，左側最初1針目不挑針（參照P.28），進行第2段釦眼繡。

16 依第1段相同方式繡第3段。

● 更換色線

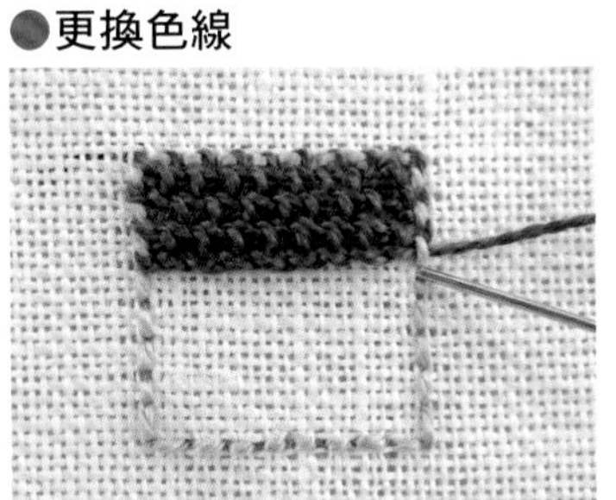

17 由於下一段要更換色線，因此先暫時將繡線收尾處理。於右側回針繡針目旁入針，再於背面繞線後剪線。

18 取新的色線穿針&線頭打結後，自右側的回針繡之間出針，於同一段的左右側針目中穿針。

19 渡線後，依相同方式進行2段釦眼繡，再往右側回針繡的外側出針，於背面繞線後剪線。

20 重新以指定色線穿針&打結後，由右側出針，進行渡線，並依相同方式進行釦眼繡至第8段。完成後，暫時維持接線的狀態不剪線。

● 填入不織布

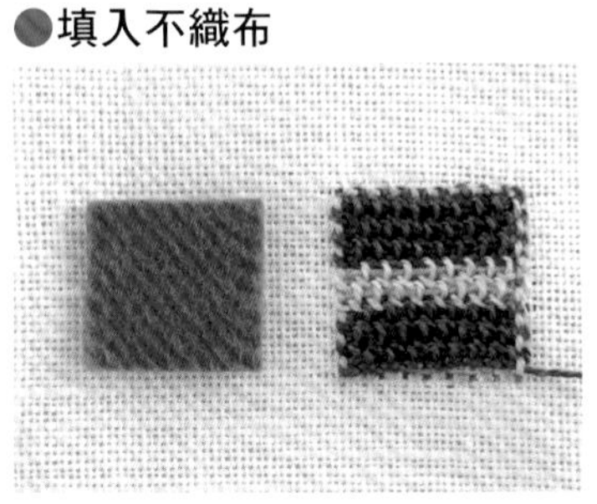

21 準備一片裁剪得比圖案略小一圈的不織布。不織布顏色請配合繡線。

22 由刺繡織面下緣填入不織布。以鑷子或錐子，確實地填塞至上方邊緣。

● 以捲針縫縫合

23 針挑回針繡&釦眼繡的線，以未剪斷的繡線進行捲針縫。

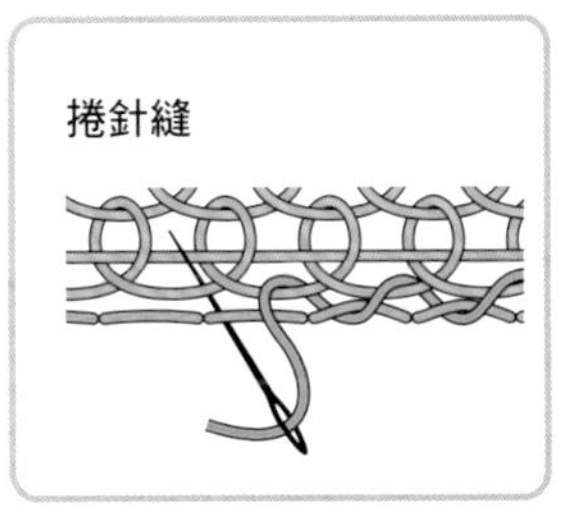

24 由於輪廓回針繡&釦眼繡的針目數一致，因此以相同針數進行捲針縫即可。最後，再於回針繡針目之間入針。

完成

正面

背面

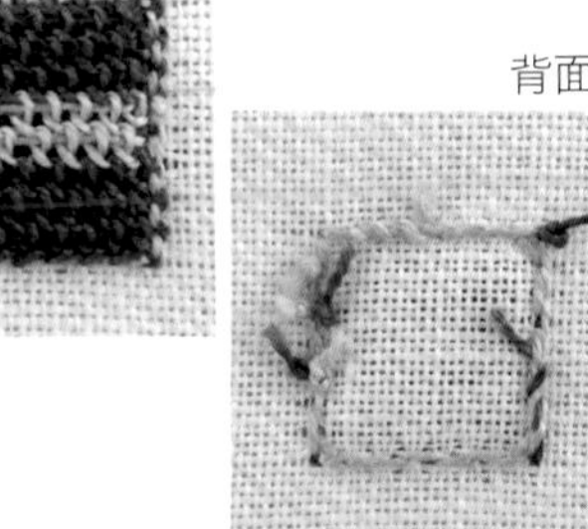

於背面繞線後，剪線。

B 圓形的立體刺繡

如螺旋狀，由外往內逐圈繡滿圓形的方法。

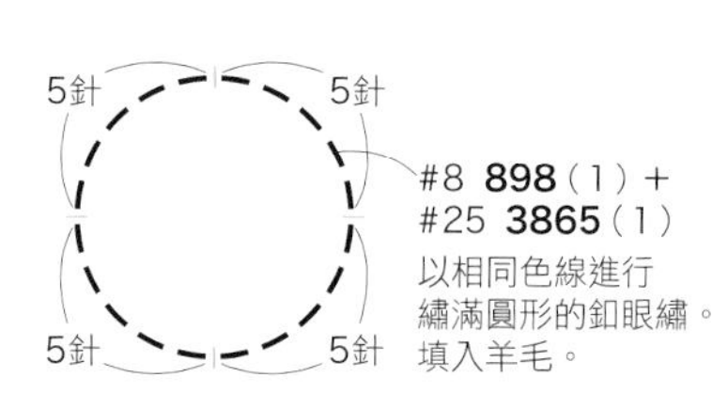

※為了更淺顯易懂，在此改以不同色線進行示範解說。

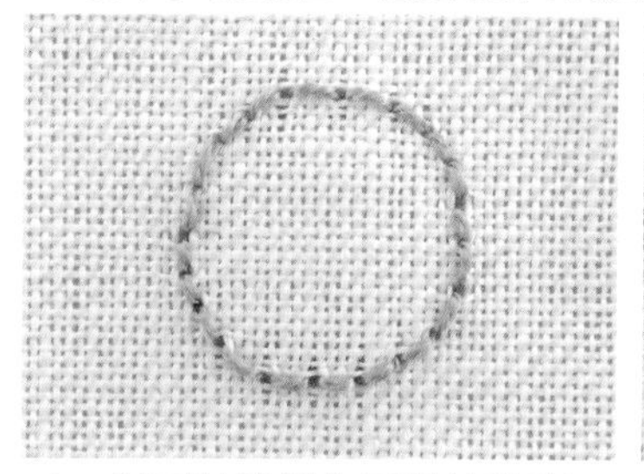

1 以回針繡製作圓形的輪廓。

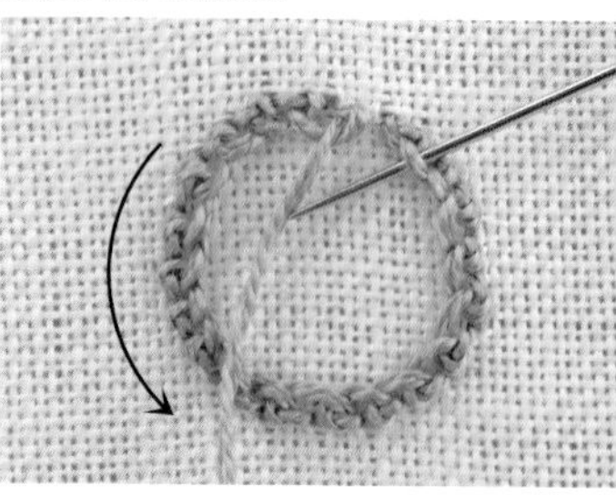

2 依1針目1個釦眼繡，繡完1圈後，再次於第1個針目中入針，完成圓滿的圓形。

3 如呈螺旋狀往內繞圈般，進行第2圈釦眼繡。

4 繡線不夠時，換線再開始刺繡即可。於內側釦眼繡之間穿針，往回針繡針目之間入針，再於背面繞線固定後，剪斷繡線。

5 由回針繡針目之間出針＆拉出新的繡線，針穿過內側釦眼繡，返回最後的針目位置。

6 接續進行釦眼繡。

7 依1針目1個釦眼繡，繡至第4圈。

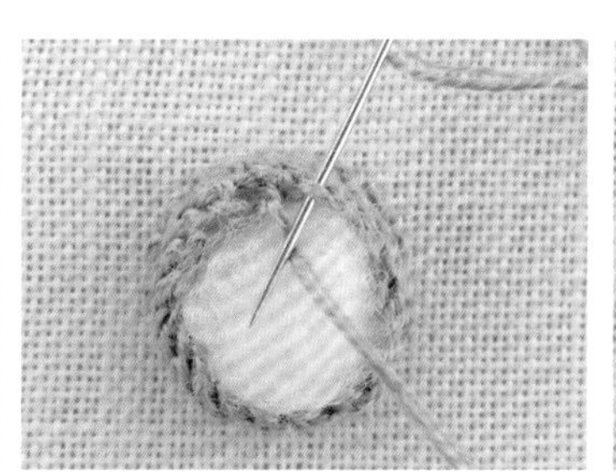

8 將與繡線同色的羊毛整圓，填塞於內部。

9 第5至7圈皆繡1針、跳1針，以減少針數，最後再於中心入針，往布片背面穿出。刺繡時請避免線拉得太緊。

完成

10 在布的背面打線結收尾。

C 浮雕莖幹繡

以橫向渡線為芯線，縱向穿縫來填滿圖面的刺繡。

原寸紙型

不織布

浮雕莖幹繡

#8 938

※為了更淺顯易懂，在此改以不同色線＆不織布進行示範解說。

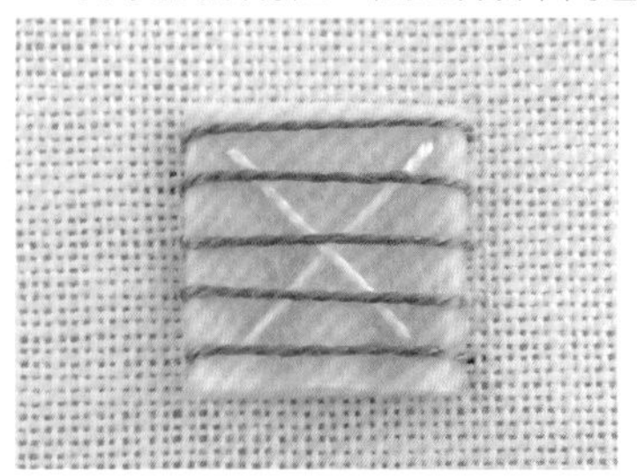

1 將不織布置於布面上，暫時止縫固定（×縫線）。縫上5條橫向渡線作為芯線，並打線結固定。

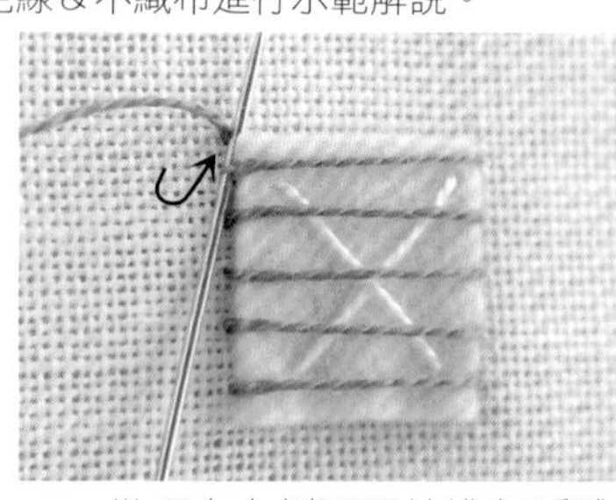

2 從巧克力側面開始進行浮雕莖幹繡。另取繡線穿針＆打結，於左上出針，由下往上挑1條橫向渡線的繡線。

3 依相同方式1條1條地挑縫5條芯線後，於左下入針，完成了1列浮雕莖幹繡。

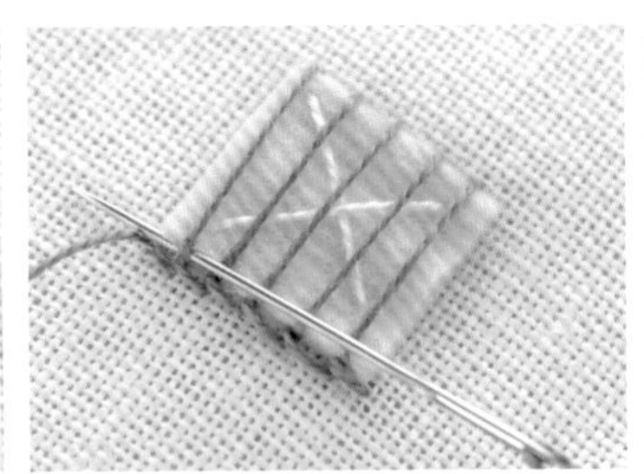

4 左上方出針拉出繡線，進行第2列的浮雕莖幹繡。

5 完成2列，作為側面。再次在左下方入針。

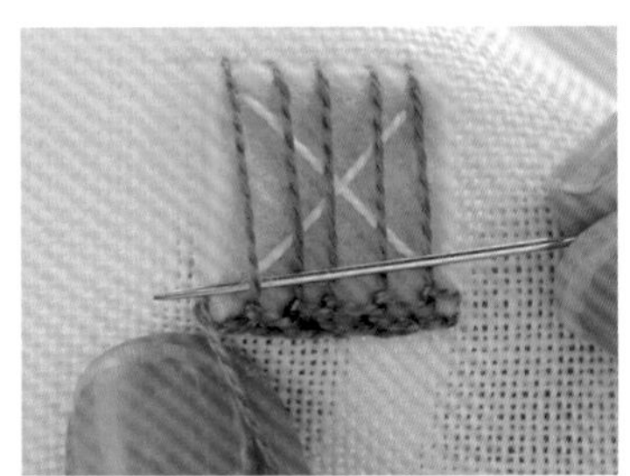

6 在上方出針，進行第3列的浮雕莖幹繡，由此開始逐段填滿上方圖面。

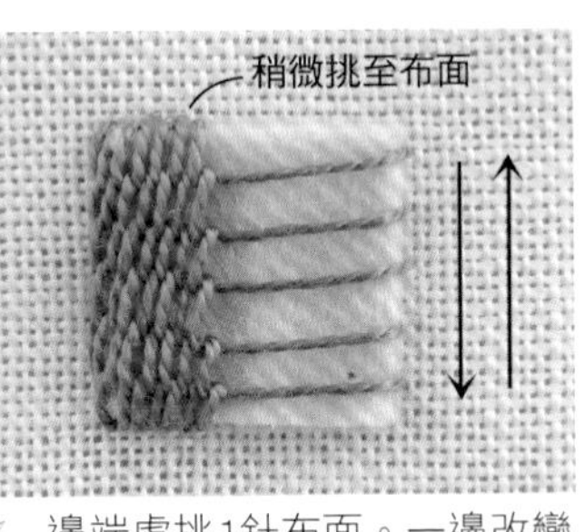

7 邊端處挑1針布面。一邊改變布片的上下方向，一邊往復進行刺繡，填滿上方圖面。繡線呈平行進行刺繡至大略固定後，拆下暫時止縫固定的線。

8 填滿全部圖面後，在布的背面打線結固定。準備3顆珠子。

9 由背面入針，穿入珠子，縫合固定。

完成

F 挑縫渡線的刺繡

渡線幾次作為芯線，再進行釦眼繡。

原寸刺繡圖案

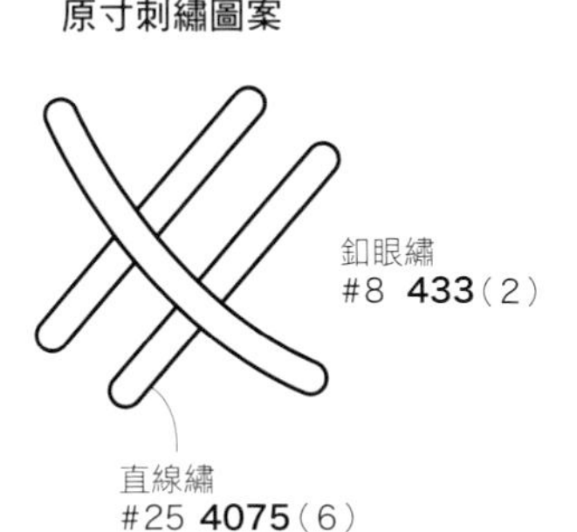

1 取6股25號繡線渡線5次，製作芯線。

2 取2股8號繡線，於芯線的邊緣處出針。

3 挑芯線，進行釦眼繡。

4 不留空隙地進行釦眼繡。

5 持續進行釦眼繡至芯線末端0.3cm處。最後，在布的背面打線結固定。

完成

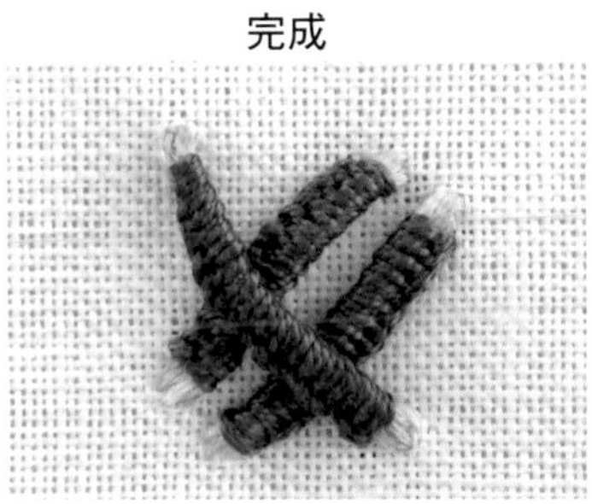

D 以繡線製作的撚繩

製作撚繩，繞圓接縫於布面上。

原寸刺繡圖案

使用線
#8 **3865**

底稿記號線

※為了更淺顯易懂，在此改以不同色線進行示範解說。

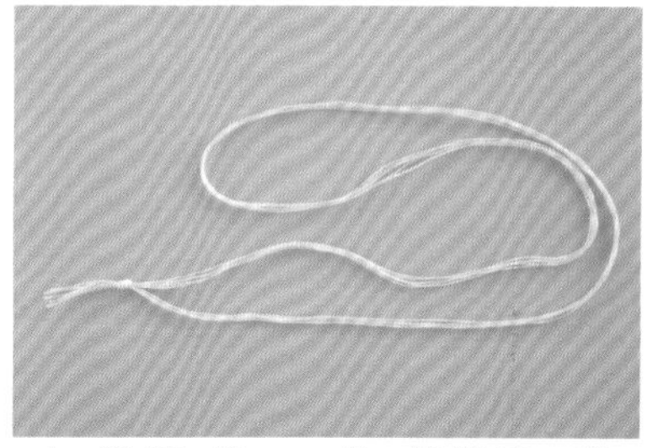

1 準備5條80cm的8號繡線，將線端打結，作成圈狀。

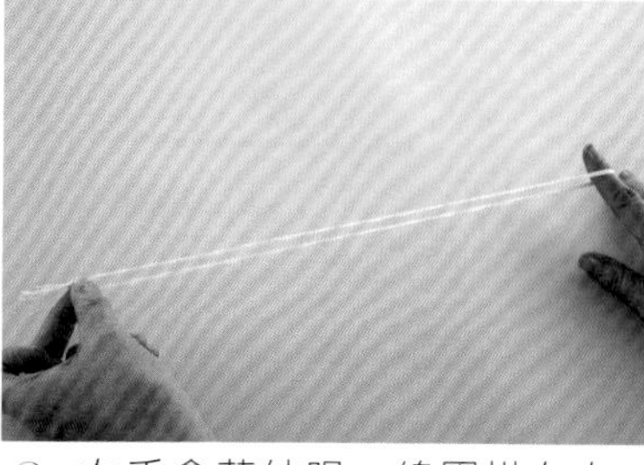

2 左手拿著結眼，線圈掛在右手食指上。

3 左手維持不動，僅以右手帶動繡線往同一方向反覆捲繞。

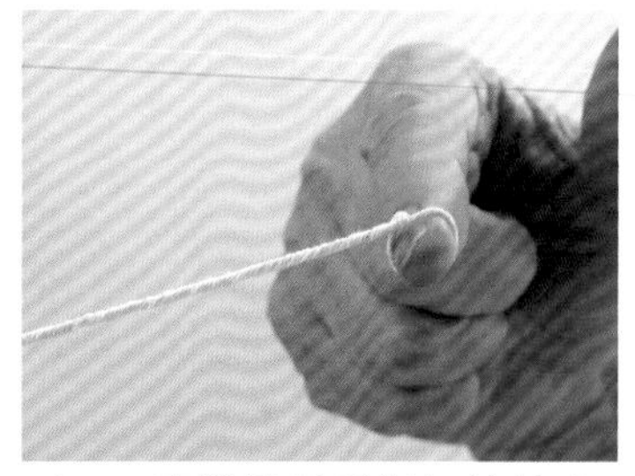

4 一直捲繞至手指無法抽出的程度。（約50次）

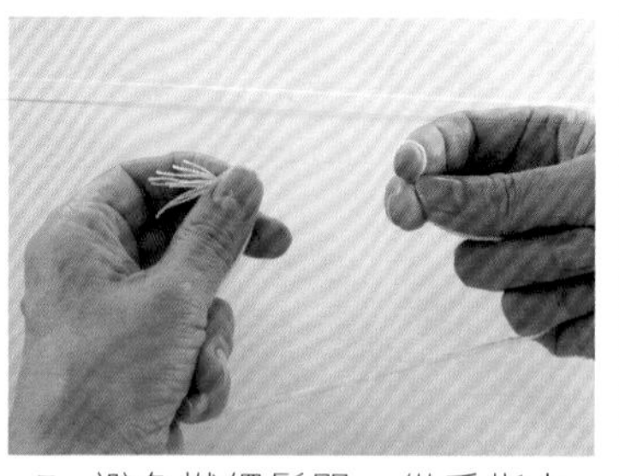

5 避免撚繩鬆開，從手指上取下繡線。

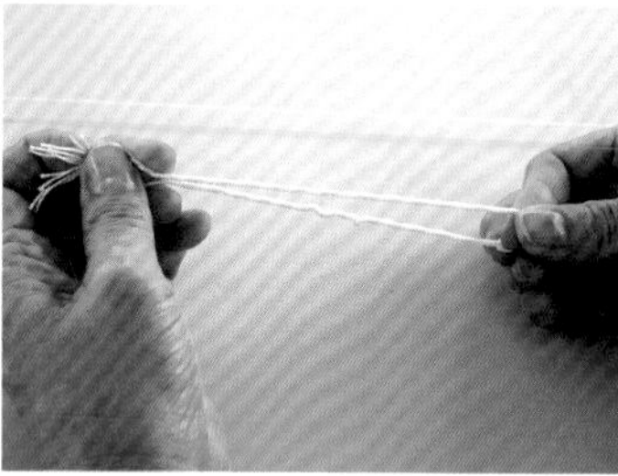

6 將結眼處與線圈端對齊。

7 只要放開右手，繡線就會呈現撚合狀態。

8 在撚合狀態下，將左手端再次打結固定。

9 整理整齊撚合狀況。結眼端保留0.5cm線段，剪斷多餘部分。至此完成長約12cm的撚繩。

10 在布面上畫出底稿記號線，將結眼縫於中心處。

11 撚繩沿著記號線輪廓繞圓，並於撚合的線縫之間穿針，接縫於布面上。

12 接縫一圈的模樣。

13 第2圈開始往上堆高＆接縫固定。

完成

最後，從撚繩線圈處接縫最後一針，在布的背面打線結固定。

F 有加減針的立體刺繡

藉由加針＆減針完成圓弧圖案的立體刺繡。
為了易於刺繡，在此將圖案橫放來進行。

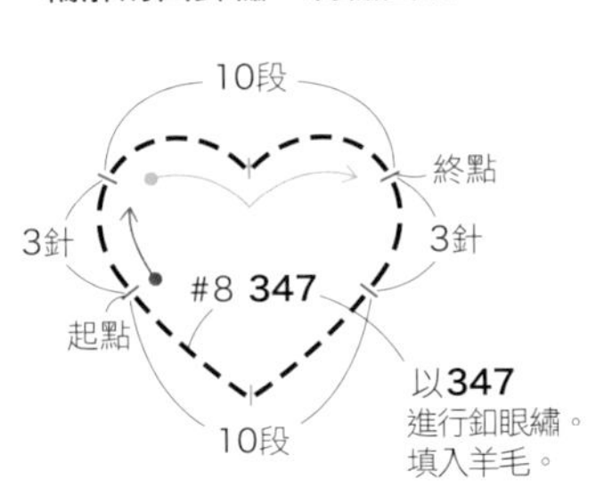

※為了更淺顯易懂，在此改以不同色線進行示範解說。

1 以回針繡製作輪廓。

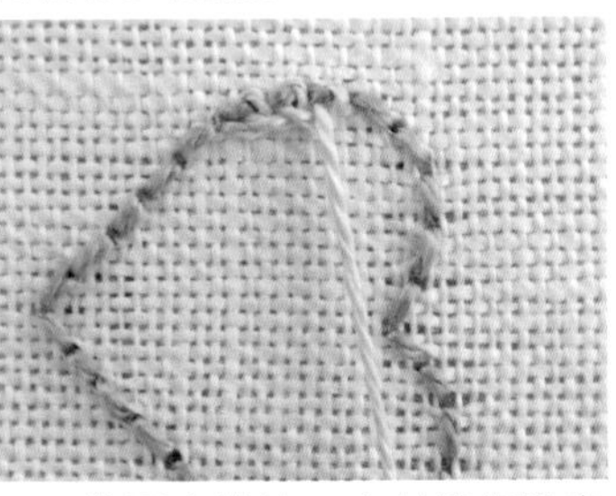

2 將圖案橫放，自刺繡起點出針，製作3針起針（參照P.30）。

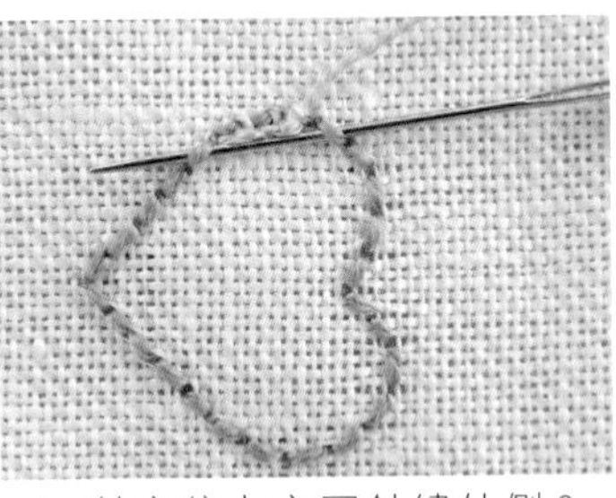

3 針穿往上方回針繡外側＆拉出繡線，再從右側第1段的回針繡入針。

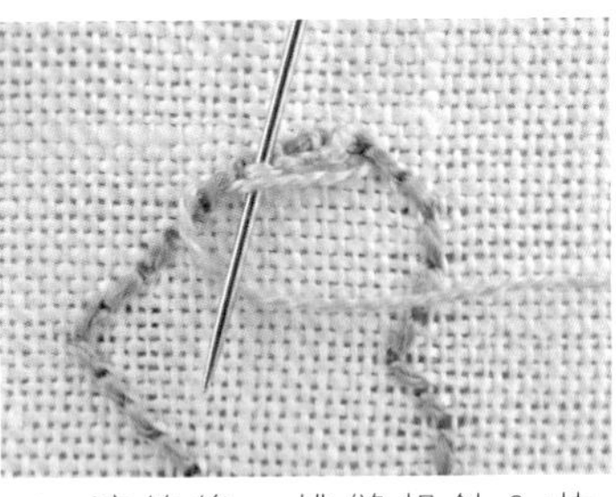

4 渡線後，挑縫起針＆芯線，進行釦眼繡。

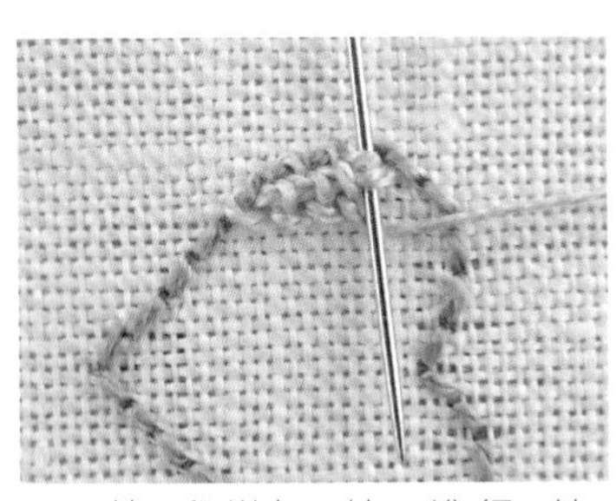

5 第1段增加1針，進行4針釦眼繡。

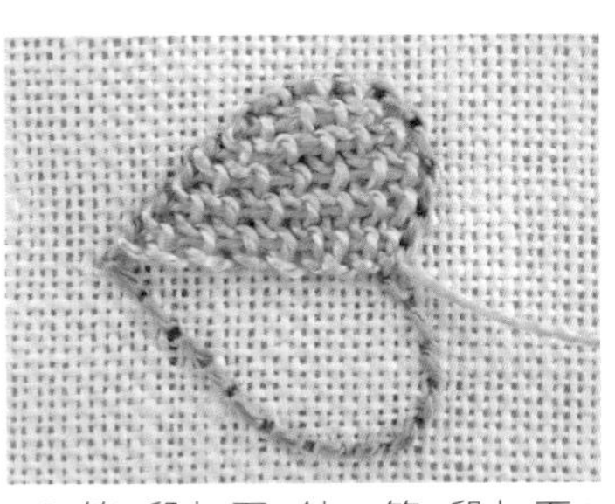

6 第2段加至5針，第3段加至6針，第4段加至7針，第5段加至8針，逐段進行釦眼繡至圖面一半。

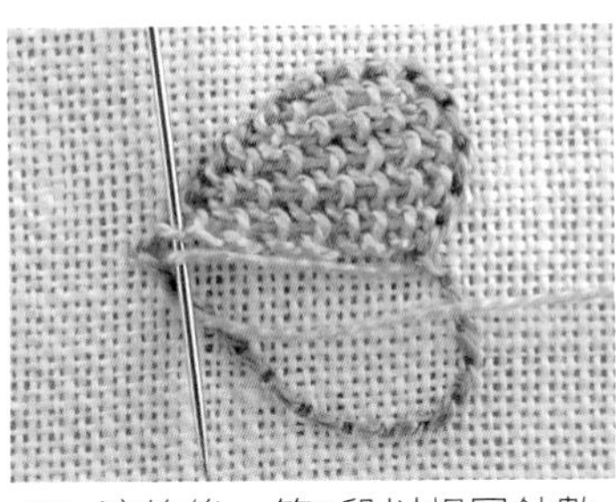

7 渡線後，第6段以相同針數進行8針釦眼繡。

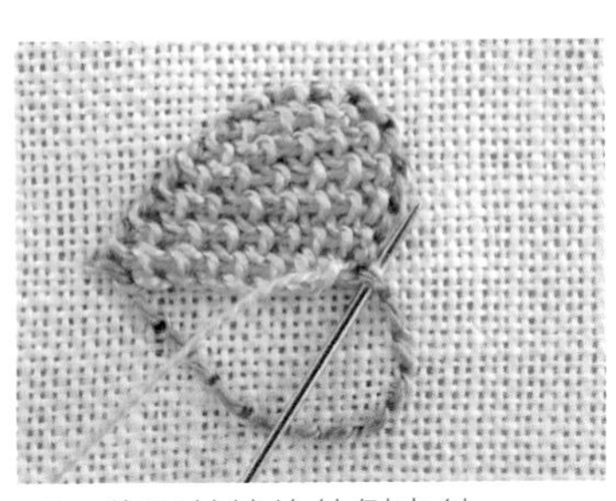

8 往回針繡的外側出針。

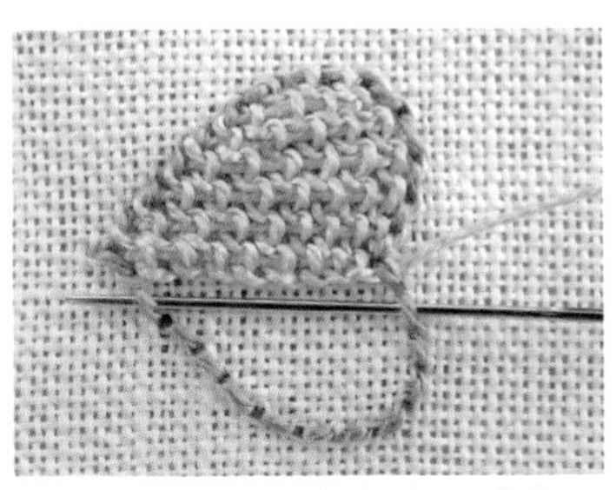

9 第7段穿針渡線後，減少1針進行刺繡。

10 第7段減至7針，第8段減至6針，第9段減至5針，第10段減至4針，逐段完成釦眼繡後，下側呈現開口的狀態。

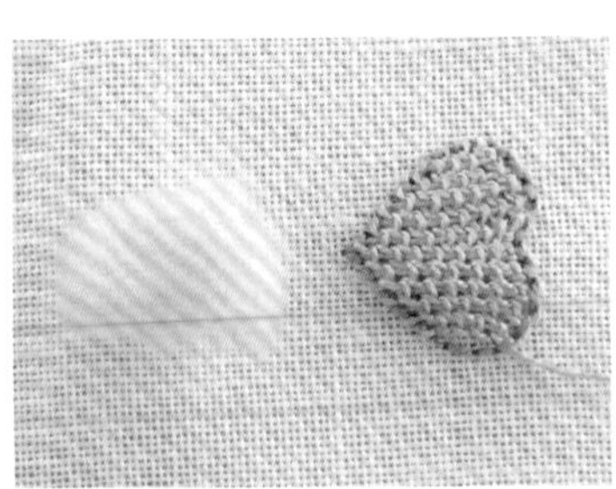

11 準備與繡線同色的羊毛，揉圓。

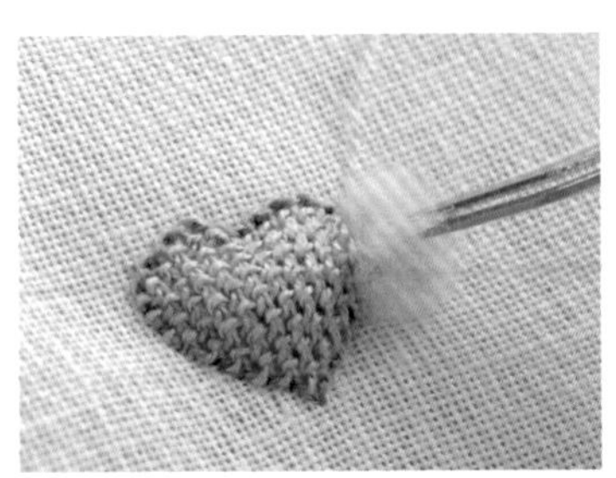

12 以鑷子將羊毛填入刺繡織面與布面之間。

13 由於最下方的回針繡有3針，釦眼繡有4針，因此回針繡的第1個針目須與釦眼繡進行2次捲針縫，縫合開口。

完成

在布的背面出針＆拉出繡線，進行繡線收尾處理。

G 棋盤格紋的籃網填滿繡

以整齊漂亮並列的直線繡，交織出棋盤格紋的花樣。

原寸紙型

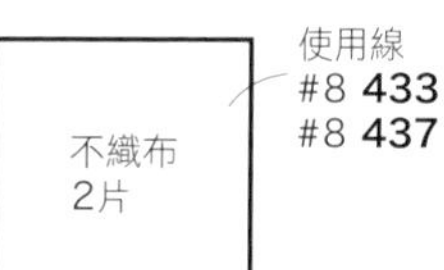

※為了更淺顯易懂，在此改以不同色線＆不織布進行示範解說。

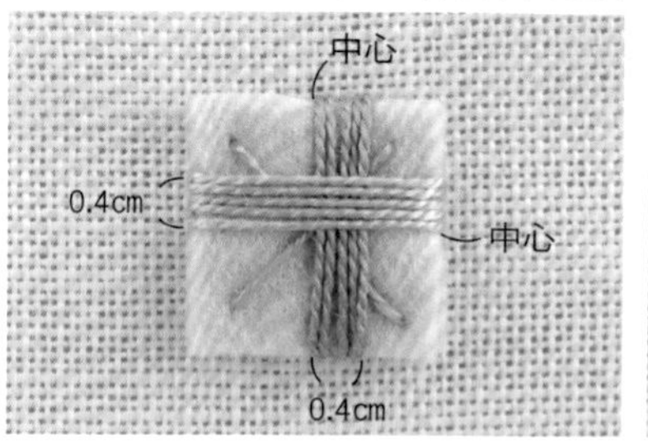

1 疊放上2片不織布，並與布暫時止縫固定（×縫線）。縱列＆橫列使用不同顏色的繡線。於中心位置，依先縱、後橫的順序，挑針至布片，進行各約0.4cm寬幅的直線繡。

2 再於縱列相鄰處，進行約0.4cm寬幅的縱列直線繡。

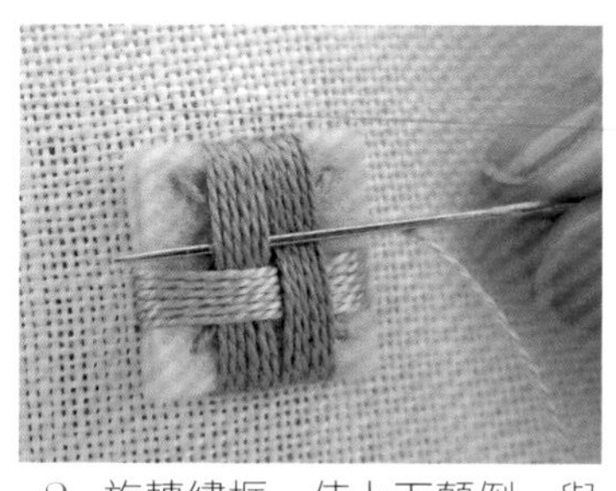

3 旋轉繡框，使上下顛倒，與縱列繡線交織，進行橫列直線繡。

4 完成橫列刺繡，中心已形成棋盤格紋。拆下暫時固定的線。

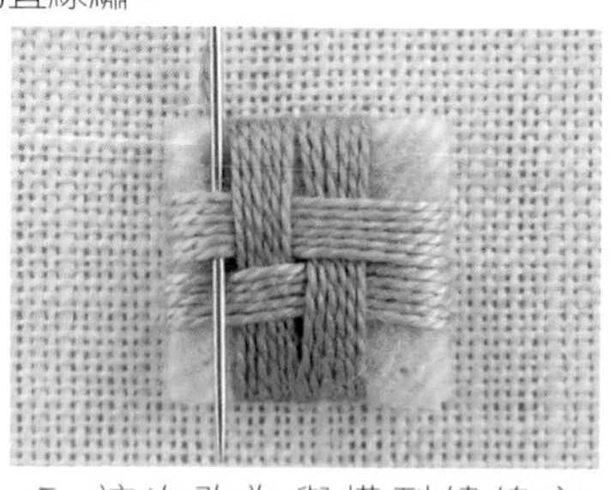

5 這次改為與橫列繡線交織，進行縱列直線繡。

6 完成3列縱列刺繡。

7 依相同方式與縱列繡線交織，進行下側的橫列直線繡。

8 繡上右側的縱列。

9 最後的橫列是於2列縱線中穿針後，完成刺繡。

完成

H 加繡高度（側面）的立體刺繡

先將側面依螺旋式往上堆立刺繡，
再繡滿圖面的立體刺繡。

輪廓的回針繡・刺繡圖案

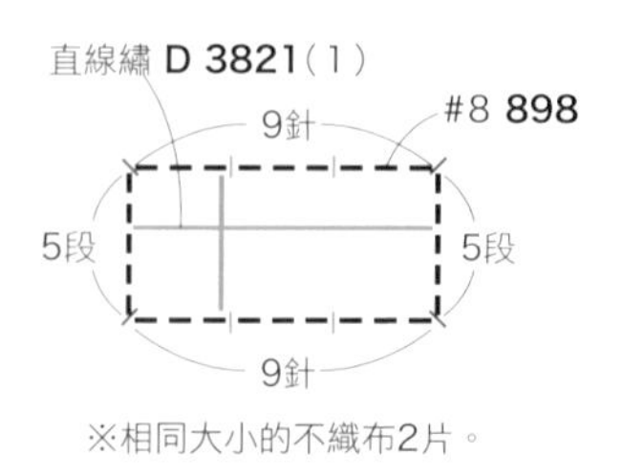

※為了更淺顯易懂，在此改以不同色線進行示範解說。

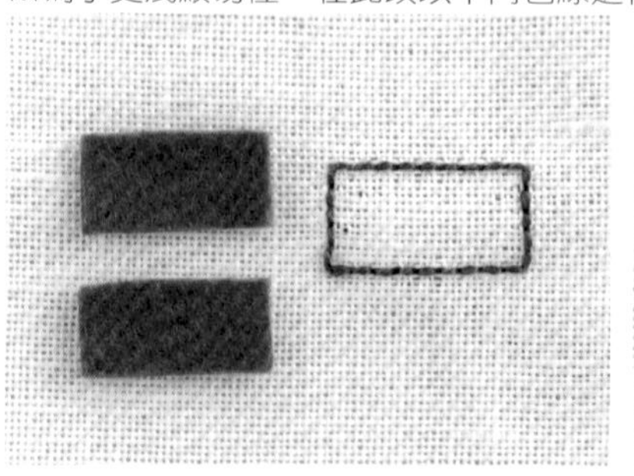

1 繡上輪廓的回針繡，並準備2片不織布。

2 疊放上不織布，暫時止縫固定。

3 挑回針繡，進行2圈釦眼繡後，於回針繡針目之間入針，在背面進行繡線收尾處理。

4 於右上的釦眼繡出針。

5 於第1段的釦眼繡入針。

6 進行第1段的渡線。

7 無加減針，進行釦眼繡。

8 完成5段釦眼繡後，以9針捲針縫與下側面的釦眼繡縫合。

9 在布的背面出針＆拉出繡線，進行繡線收尾處理。從布的背面拆下暫時固定的縫線。

完成

以金蔥線渡線，完成裝飾。

浮雕葉形繡（葉子的刺繡）

在巧克力上方，繡上懸浮狀的葉子刺繡。

※巧克力作法同P.30作品**A**。

輪廓的回針繡

起點　8針
針目的方向
#8
801
8段　段的方向
終點

原寸紙型

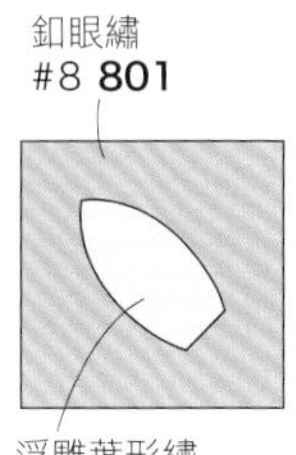

釦眼繡
#8 **801**

浮雕葉形繡
#8 **3348**

1 取葉子的中線位置刺入珠針。決定葉子長度後，出針＆拉出繡線，於珠針上掛線。

2 入針後，在中心處出針，再次於珠針上掛線。

3 刺繡針穿過掛於珠針上的3段線，使線依序位於針上、下、上。在此僅挑繡線，基底的巧克力不作挑針。

4 抽出刺繡針。改由另一側穿針，使線依序位於針下、上、下。

5 重複相同步驟，將上方逐段填滿繡線。

完成

逐段穿縫填繡至葉子的根部後，取下珠針。最後，在布的背面出針，打線結固定。

其他刺繡針法

●浮雕葉形繡

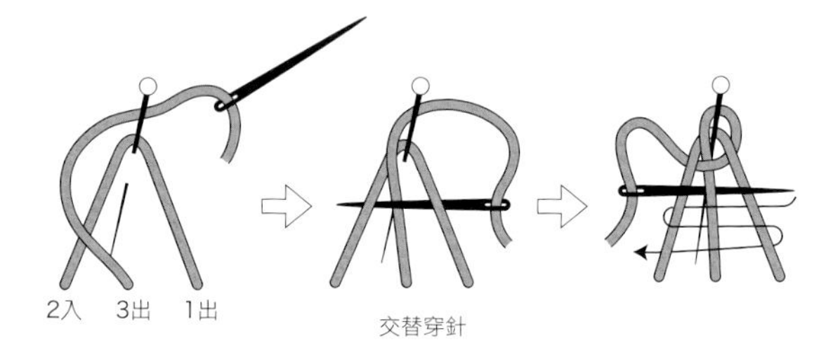

●浮雕莖幹繡

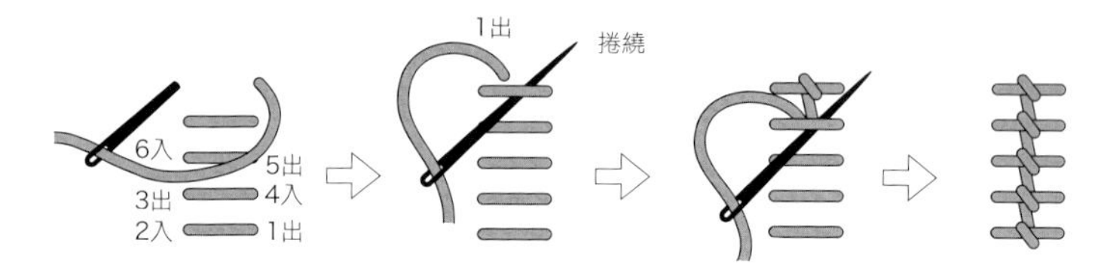

●蛛網玫瑰繡

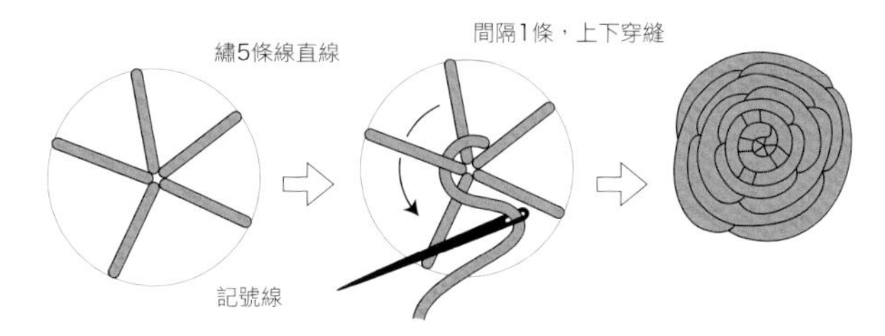

●絨毛繡

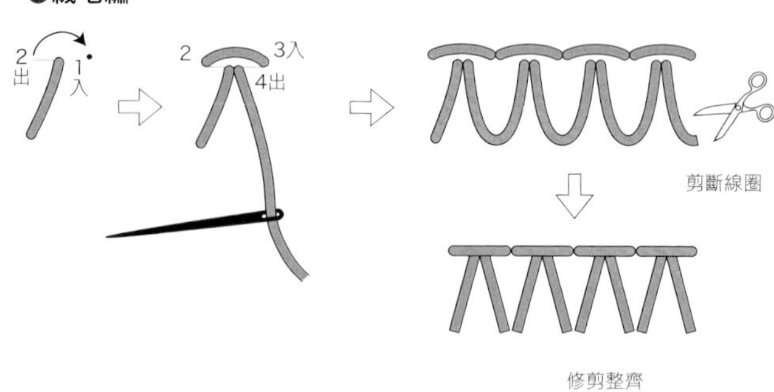

●線環繡（loop stitch）

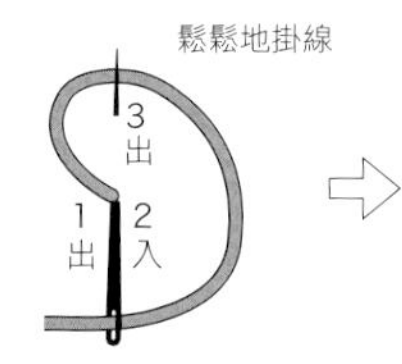

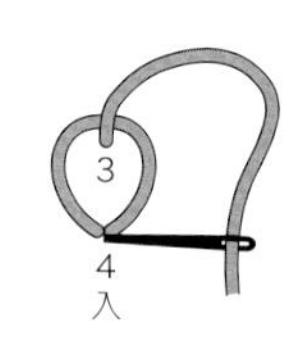

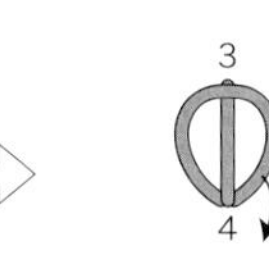

●直線繡

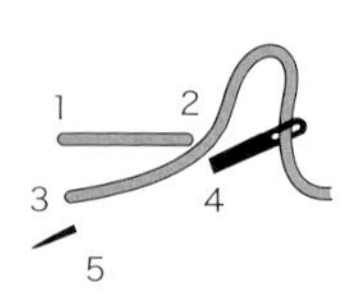

●雛菊繡

●輪廓繡

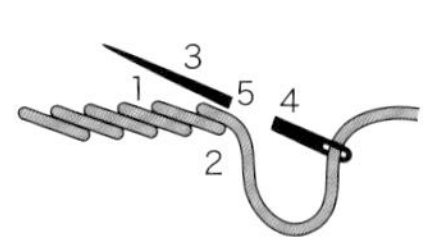
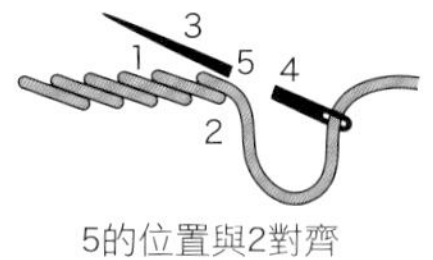

●回針繡

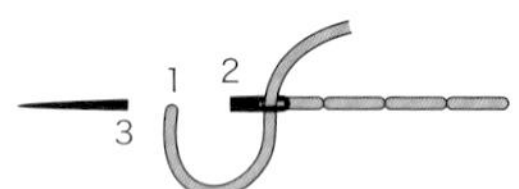
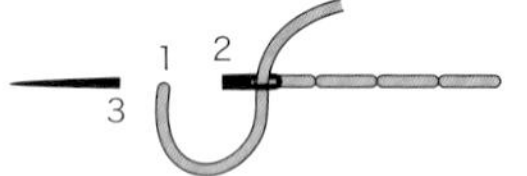

●鎖鏈繡

●釦眼繡

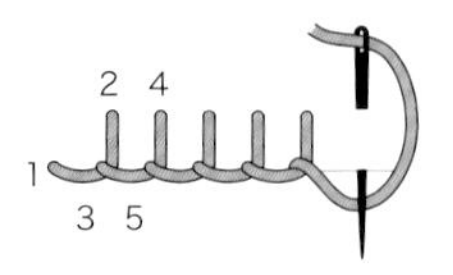

●法國結粒繡

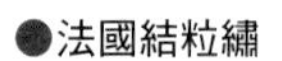
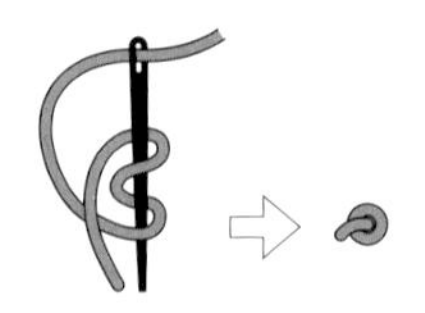

●開放式雛菊繡

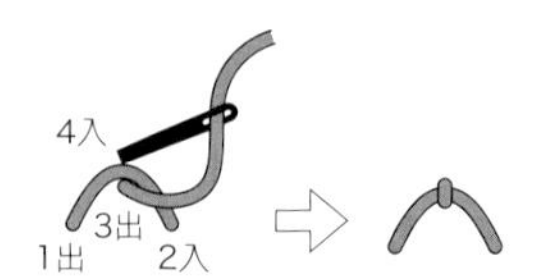

●緞面繡

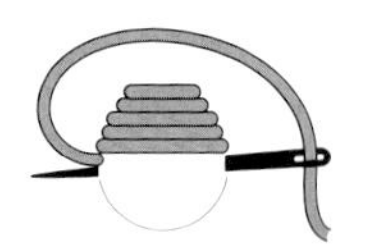

●繞線鎖鏈繡

作品作法

- 繡線皆為 DMC繡線。
- 立體刺繡的基礎參照P.26。
- ＃8・・・8號繡線　取1股線刺繡。
  除了指定之外，其餘皆為25號繡線。取（　）裡的股數刺繡。
- 接縫珠子或小飾品時，以同色繡線穿過布片接縫固定。
- 立體刺繡之外的刺繡針法參照P.38。

P.2 *a* 香蕉

1. 以回針繡製作輪廓。
2. 起針16針。
   第1至2段，逐段增加1針。
   第3至4段，逐段減少1針。
3. 填入羊毛，以捲針縫縫合。
4. 鑽縫於香蕉織面之間，製作紋路。
5. 以直線繡繡出上下邊端，以輪廓繡繡上果柄。

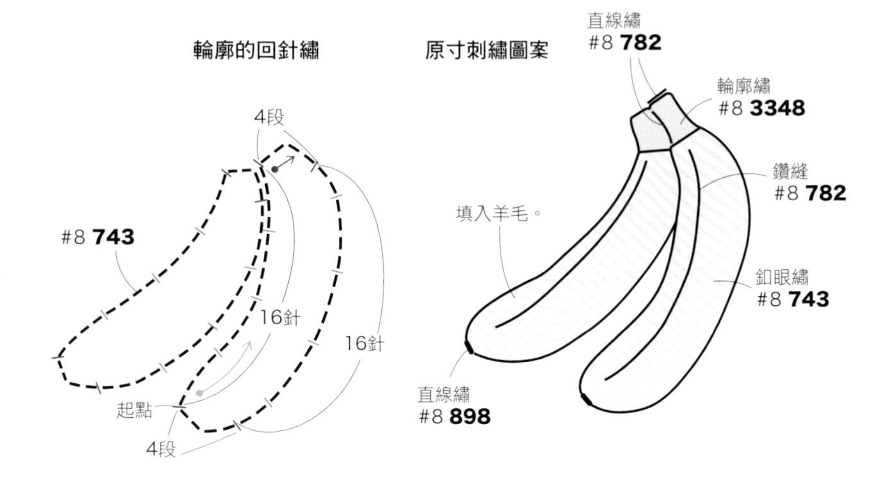

P.2 *b* 哈密瓜

1. 以回針繡製作輪廓。
2. 起針6針。
   第1至5段，逐段增加1針。
   第6至10段，逐段減少1針。
3. 填入不織布後，在其下方再填入羊毛，
   以捲針縫縫合。
4. 以開放式雛菊繡隨機繡上哈密瓜的紋路。
5. 藤蔓是渡線之後，僅挑繡線，進行釦眼繡。

輪廓的回針繡

起點　6針
#8 954
+
#25 320（1）
10段　10段
終點
6針

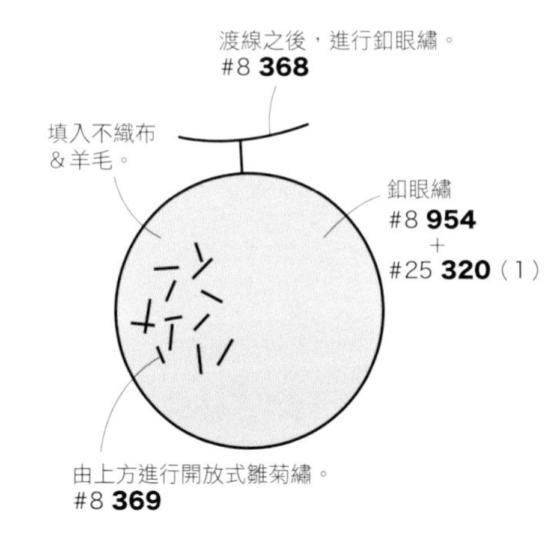

P.2 *c* 草莓

1. 以回針繡製作輪廓。
2. 起針7針。
   第1至2段，逐段增加1針。
   第3至6段，逐段減少1針。
3. 填入羊毛，將5針釦眼繡與3針回針繡，
   以捲針縫縫合。
4. 草莓表面的小黑點是以直線繡挑縫布面進行刺繡。
5. 繡上果蒂。

輪廓的回針繡

3針　6段
#8 321
終點
起點 6段　起點
6段
7針
7針
3針
終點　6段

原寸刺繡圖案

直線繡
#8 3347
填入羊毛。
釦眼繡
#8 321
直線繡
#8 3348

P.2 *d* 西洋梨

1. 以回針繡製作輪廓。
2. 起針5針。
   第1至7段，逐段增加1針。
   第8段，無加減針。
   第9至11段，逐段減少1針。
3. 填入不織布後，在其下方再填入羊毛，
   以捲針縫縫合。
4. 以回針繡繡上莖桿，僅挑繡線，進行釦眼繡。
5. 以浮雕葉形繡製作葉子。

輪廓的回針繡

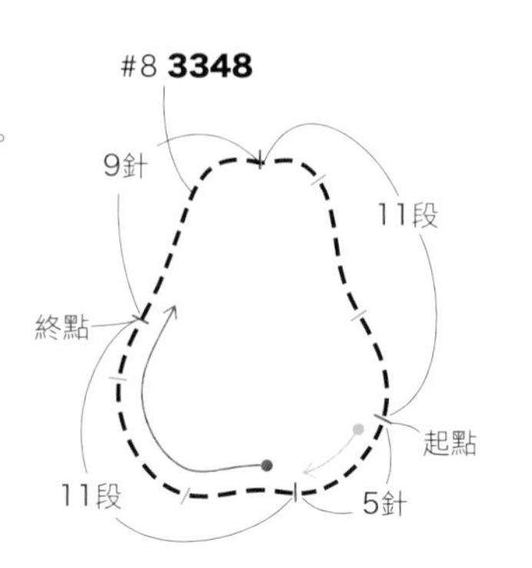

原寸刺繡圖案

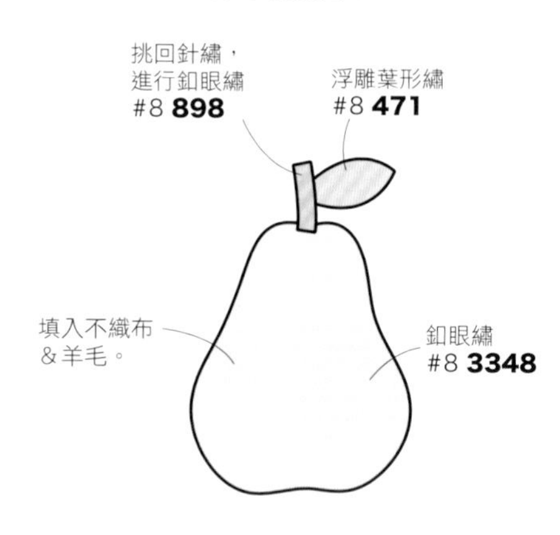

P.2 *e* 蘋果

1. 以回針繡製作輪廓。
2. 起針6針。
   第1至4段，逐段增加1針。
   第5段，無加減針。
   第6段，減少1針。
   第7段，無加減針。
   第8段，增加1針。
   第9至12段，逐段減少1針。
3. 填入不織布後，在其下方再填入羊毛，
   以捲針縫縫合。
4. 以回針繡繡上莖桿，僅挑繡線，進行釦眼繡。
5. 以浮雕葉形繡製作葉子。

輪廓的回針繡

#8 304

12段

起點

6針

6針

終點

12段

原寸刺繡圖案

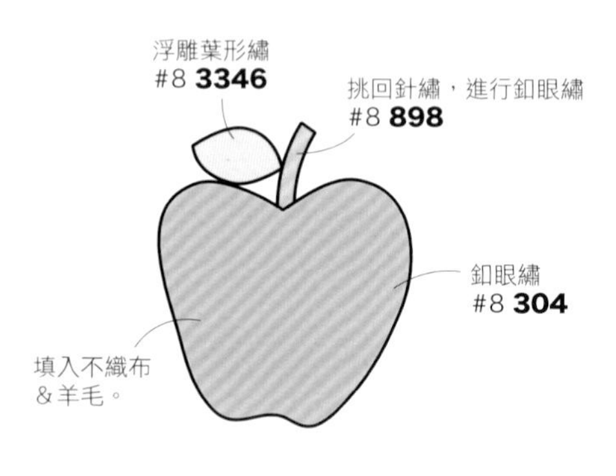

P.2 *f* 鳳梨

1. 以回針繡製作輪廓。
2. 回針繡☆記號處，表示改變繡線顏色進行刺繡。
   起針4針。
   第1至4段，逐段增加1針。
   第5至7段，無加減針。
   第8至11段，逐段減少1針。
3. 填入不織布後，在其下方再填入羊毛，
   以捲針縫縫合。
4. 鑽縫淺駝色繡線，形成菱格花紋。
5. 以輪廓繡繡上葉子。
6. 以浮雕葉形繡製作上方的3片葉子。

輪廓的回針繡

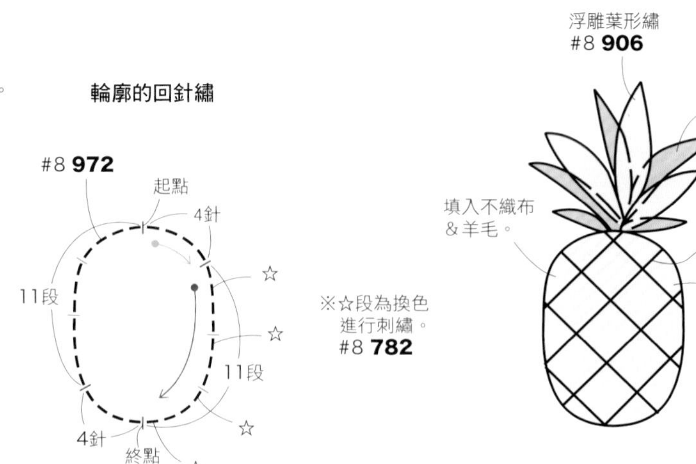

原寸刺繡圖案

浮雕葉形繡
#8 906

輪廓繡
#8 904

鑽縫於鳳梨織面之間，
作出格紋狀。
#8 782（2）

釦眼繡
#8 972

P.2 *g* 櫻桃

1. 以回針繡製作輪廓。
2. 起針4針。
   第1至3段，逐段增加1針。
   第4至6段，逐段減少1針。
3. 填入羊毛，以捲針縫縫合。
4. 以回針繡繡上莖桿。
5. 以浮雕葉形繡製作葉子。

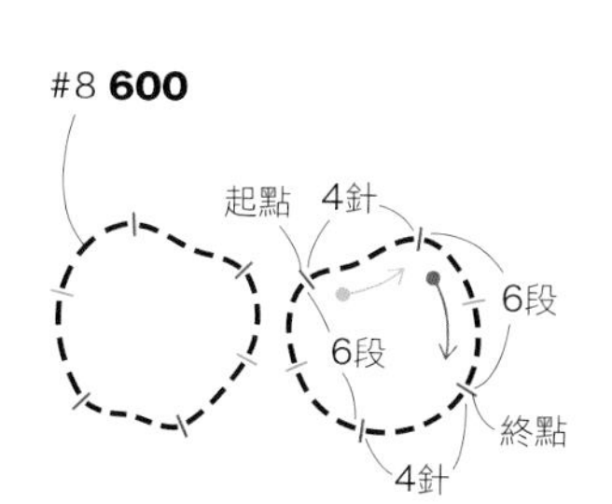

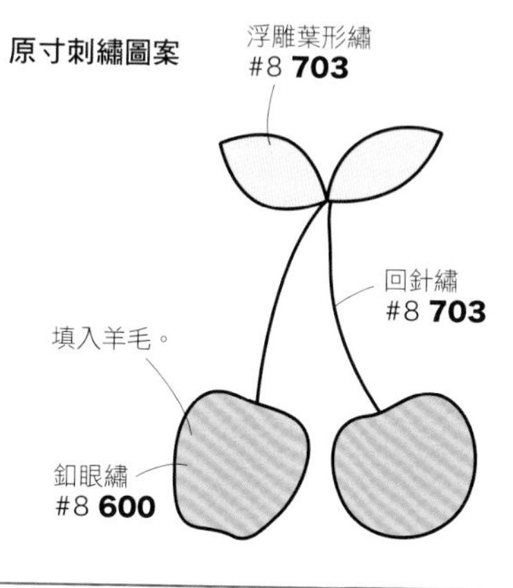

P.2 *h* 李子

1. 以回針繡製作輪廓。
2. 起針5針。
   第1至3段，逐段增加1針。
   第4至6段，逐段減少1針。
3. 填入羊毛，以捲針縫縫合。
4. 以回針繡繡上莖桿。
5. 以緞面繡繡上葉子。

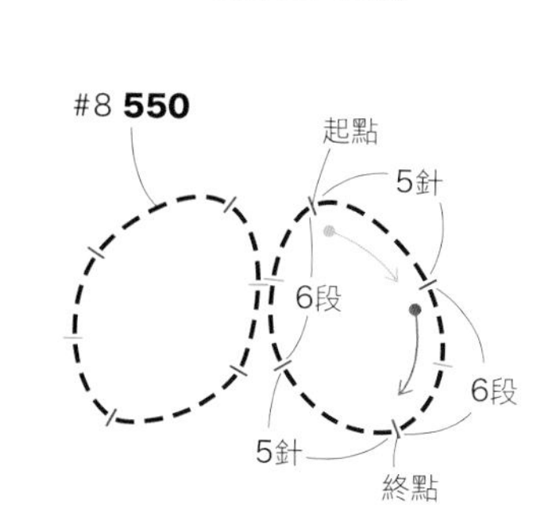

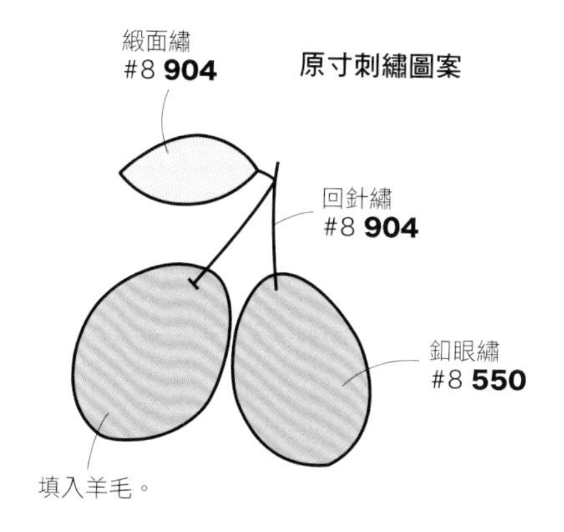

P.2 *i* 木瓜

1. 以回針繡製作輪廓。
2. 起針12針。
   從①起點開始，第1段，增加1針（橘色）。
   完成後更換色線，
   第2至4段，逐段增加1針（黃色），至16針。
3. 進行果實下半部的刺繡：
   第5至8段，4針，無加減針。
   再於①終點，進行繡線收尾處理。
4. 從②接線處起，以8針捲針縫先縫合於種子半側邊。
   縫合後渡線至②起點，進行果實上半部的刺繡：
   4針，4段，無加減針。
   再於②終點，進行繡線收尾處理。
5. 從③接線處起，渡線至③起點。
   第9段，14針。
   第10至12段，逐段減少1針。
   途中填入羊毛，最後以10針捲針縫縫合。
6. 縫上作為種子的玻璃珠。

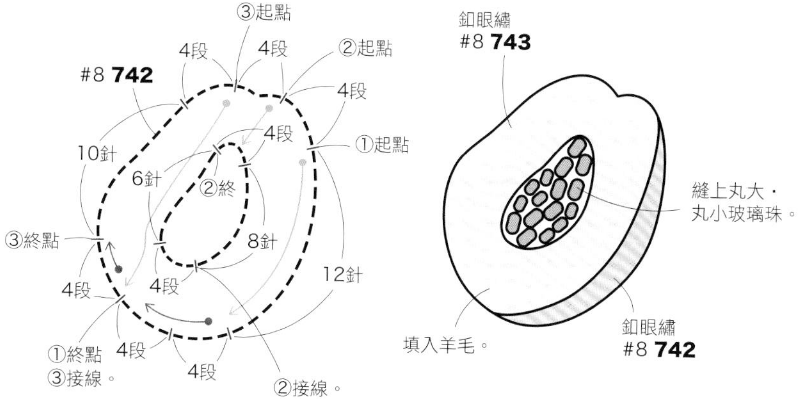

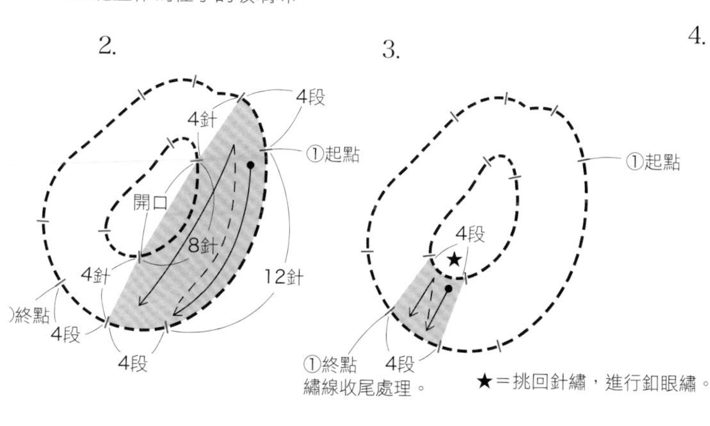

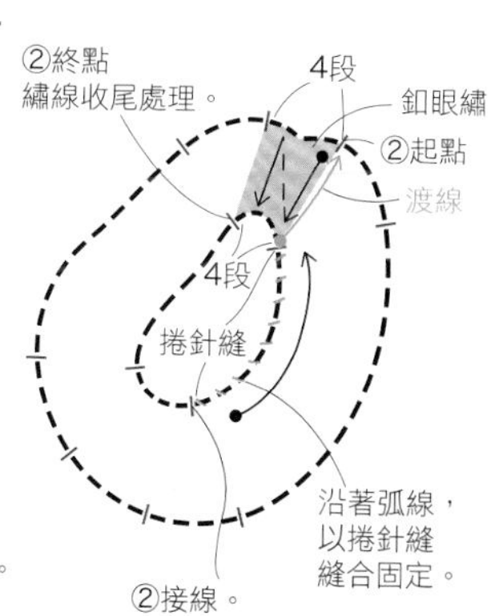

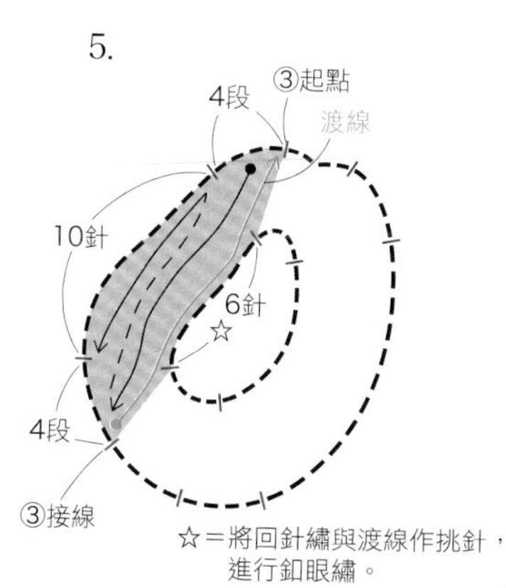

P.4 *f* 中型蕃茄

1. 進行1圈16針的回針繡，製作輪廓。
2. 第1至4圈，無加減針，進行釦眼繡。
3. 填入羊毛。
4. 第5至8圈，重複進行繡2針、跳1針，以減少針數。
   待無針數時，以捲針縫縫合。
5. 以直線繡繡上果蒂。
6. 渡線＆繞線製作莖部：
   1 由A至B往復1次進行渡線。
   2 在A至C之間進行繞線。
   3 渡短線至蕃茄的果蒂後，
     一邊捲繞繡線一邊返回C。
   4 再依相同方式捲繞至D E F，
     製作莖部。

輪廓的回針繡

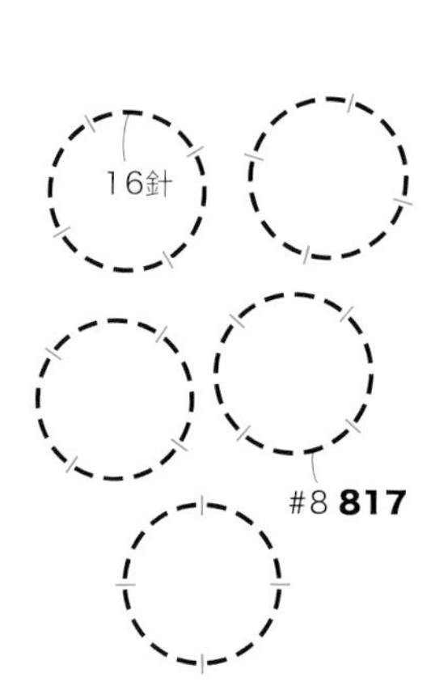

原寸刺繡圖案

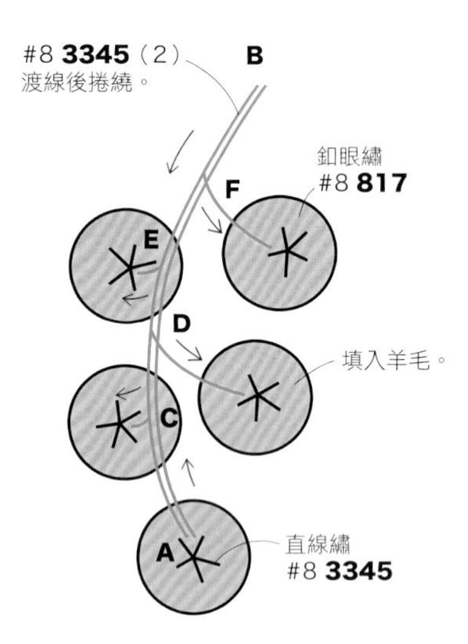

P.4 *e* 紅葉生菜

1. 以回針繡製作5條莖線。
2. 以莖線為中心，開始製作葉子：
   從第1段a開始，僅挑回針繡的線，
   進行釦眼繡至葉子外端後，
   再次將回針繡作挑針，
   在另一側往反方向進行釦眼繡至a。
   第2至4段，
   以僅挑繡線的釦眼繡進行往復；
   重複進行1個針目繡1針、1個針目繡2針，
   以增加針數。
   繡製葉子外緣：
   第5至6段，進行1個針目繡1針的釦眼繡（紫色）。
   依以上相同方式製作5片葉子。
3. 在葉子根部處添加輪廓繡。

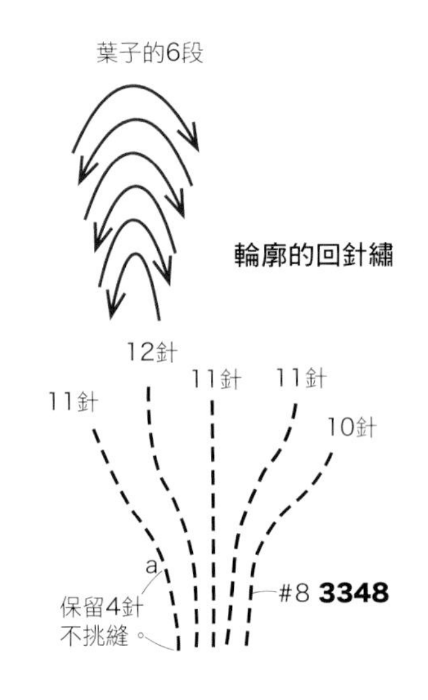

原寸刺繡圖案

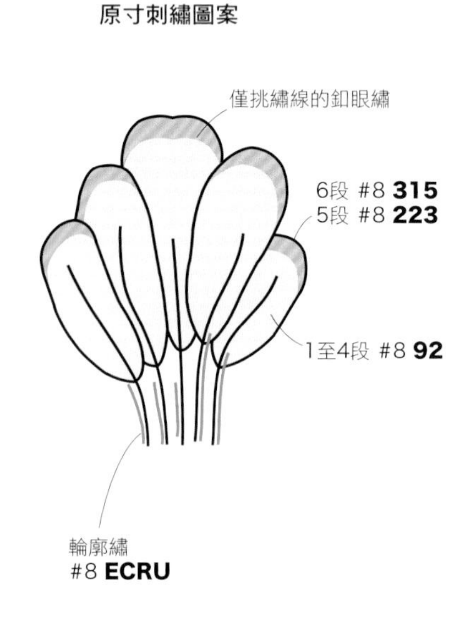

P.4 *g* 甘薯

1. 以回針繡製作輪廓。
2. 起針8針。
   第1至2段，逐段增加1針。
   第3至4段，逐段減少1針。
3. 填入羊毛，以捲針縫縫合。
4. 製作根鬚：
   在甘薯上進行1次絨毛繡後剪線，
   使1條繡線留長一些，另1條短一些。
5. 以回針繡繡上莖蔓，並以浮雕葉形繡製作葉子。

輪廓的回針繡

8針
4段
起點
終點
8針
4段
終點
#8 814
起點

原寸刺繡圖案

釦眼繡
#8 814
回針繡
#8 937
浮雕葉形繡
#8 937
填入羊毛。
絨毛繡
#25 315（1）

P.4 *a* 花椰菜

1. 進行1圈28針的回針繡製作輪廓。
2. 第1至4圈，無加減針，進行釦眼繡。
3. 填入羊毛。
4. 第5至9圈，重複進行繡2針、跳1針，以減少針數。
   待無針數時，以捲針縫縫合。
5. 以回針繡劃分界線。
6. 將葉子位置的回針繡作挑針，進行釦眼繡：
   逐段減少1針，
   往葉尖方向共刺繡5段。
7. 將葉子外緣往葉子根部摺入後，
   縫合固定，作出外彎的狀態。

輪廓的回針繡

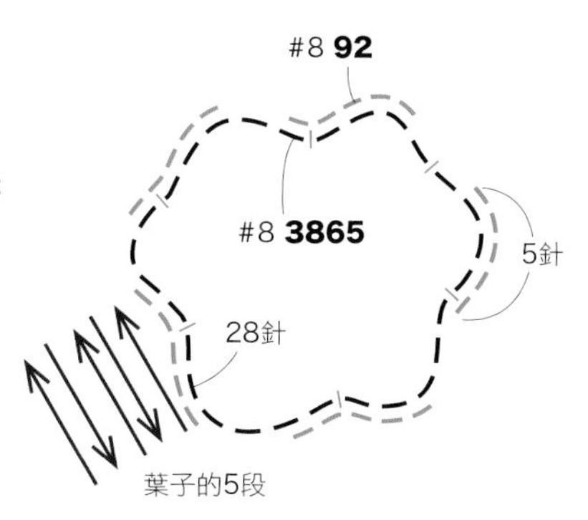

原寸刺繡圖案

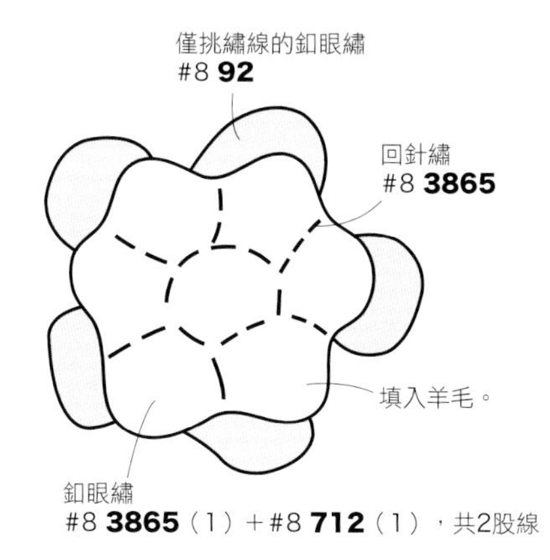

P.4 *b* 花生

1. 以回針繡製作輪廓。
2. 起針9針。
   第1至2段，逐段增加1針。
   第3至4段，逐段減少1針。
3. 填入羊毛，以捲針縫縫合。
4. 內有豆仁的花生，是於輪廓的回針繡上
   進行一圈釦眼繡。
5. 以緞面繡繡上豆仁。

輪廓的回針繡

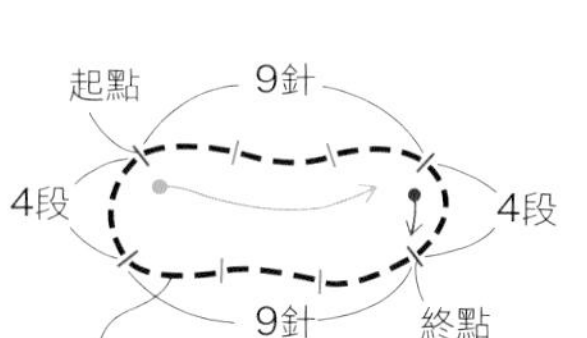

原寸刺繡圖案

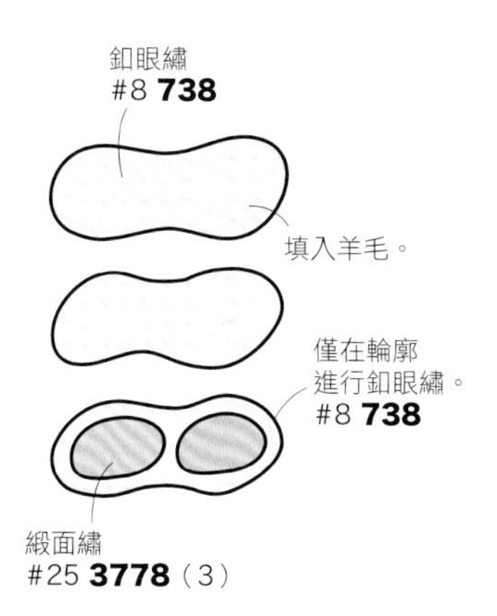

P.4 *i* 青花菜

1. 以回針繡分別製作各自的輪廓。
2. 製作果實：
   僅挑回針繡的線，進行3圈釦眼繡。
3. 填入羊毛。
4. 重複進行繡2針、跳1針，以減少針數，
   完成後以捲針縫縫合。
5. 製作左側莖部：
   起針5針。
   第1段，無加減針。
   不放任何填充物，以捲針縫縫合。
6. 製作右側莖部：
   起針5針。
   第1至3段，無加減針。
   不放任何填充物，以捲針縫縫合。
7. 製作小朵的莖部：
   起針3針。
   第1至2段，無加減針。
   不放任何填充物，以捲針縫縫合。

輪廓的回針繡

8針
10針
12針
10針
#8 3346
15針
終點
終點
5針
12針
15針
終點
3針
#8 471
5針
3段
2段
1段
起點
起點
起點

原寸刺繡圖案

釦眼繡
#8 3346+#25 989（1）
填入羊毛。
#8 471

P.4 *b* 蕪菁（大頭菜）

1. 以回針繡製作輪廓。
2. 起針3針。
   第1至5段，逐段增加1針。
   第6段，無加減針。
   第7至10段，逐段減少1針。
3. 填入羊毛，以捲針縫縫合。
4. 僅在根鬚的前3針回針繡上進行釦眼繡。
5. 製作葉子：
   挑莖部的回針繡，進行釦眼繡。
   第1段，僅挑回針繡的線，進行往復。
   第2段，重複進行1個針目挑1針、1個針目挑2針，以增加針數。（參照下方步驟圖解）

輪廓的回針繡

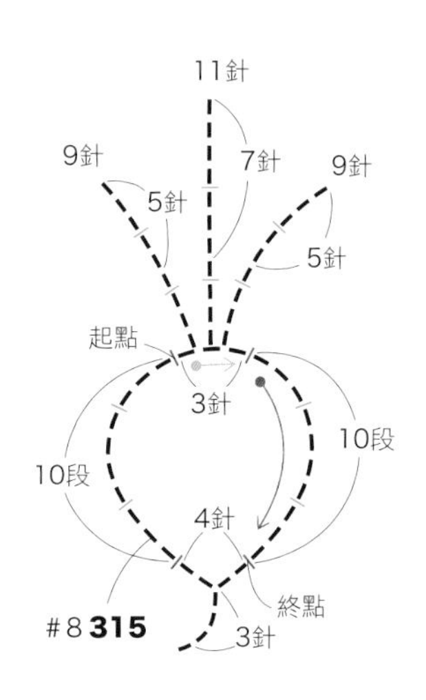

原寸刺繡圖案

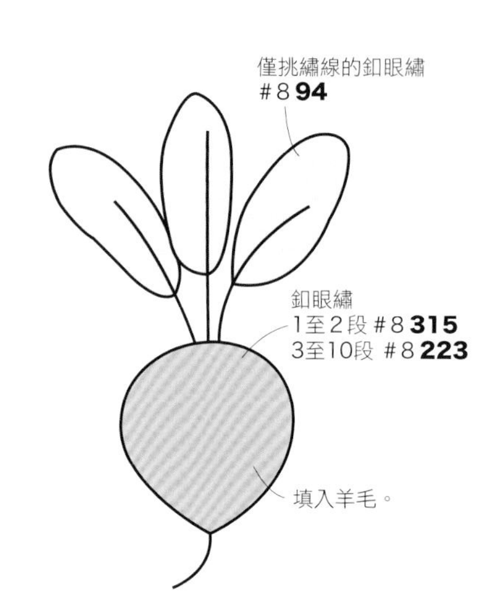

●蕪菁葉的作法

1 挑莖部的回針繡，由根部往葉尖以釦眼繡進行刺繡。

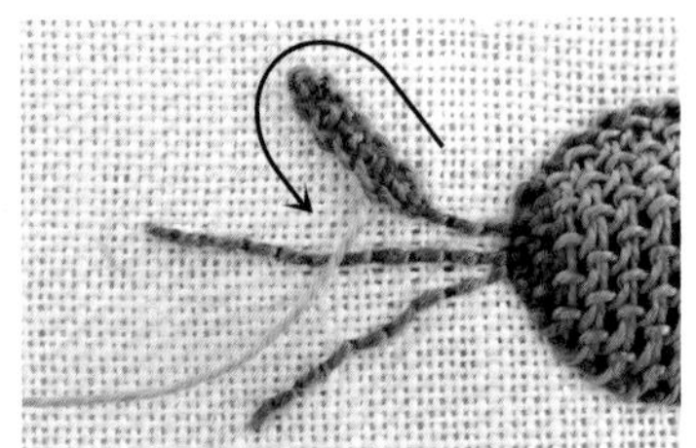

2 再次將回針繡作挑針，進行往復，以釦眼繡返回。完成第1段。

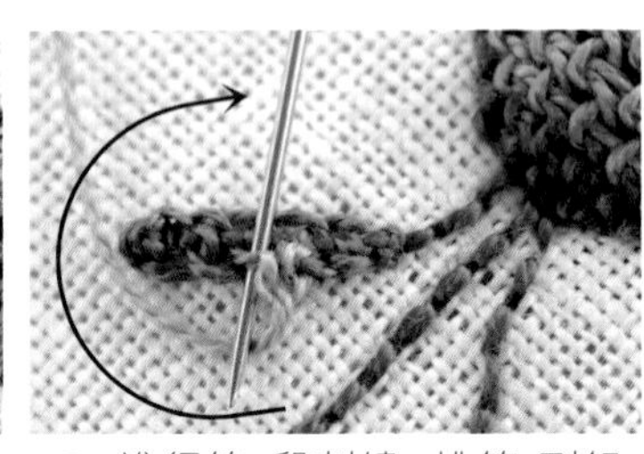

3 進行第2段刺繡。挑第1列釦眼繡的線，重複進行1個針目繡1針、1個針目繡2針，以增加針數。

4 葉子完成！以段染繡線繡製葉子，色彩效果將更加生動。

P.4 *d* 茄子

1. 以回針繡製作輪廓。
2. 起針9針。
   第1至5段，逐段增加1針。
   第6段，無加減針。
   第7至11段，逐段減少1針。
3. 填入羊毛，以捲針縫縫合。
4. 以浮雕葉形繡製作果蒂。
5. 以緞面繡繡上莖部。

輪廓的回針繡

11段
9針
終點
起點
#8
550
9針
11段

原寸刺繡圖案

浮雕葉形繡
#8 **471**
緞面繡
#8 **471**
釦眼繡
#8 **550**
填入羊毛。

P.4 *c* 白菜

1. 由左右的白色區塊開始刺繡。
   以回針繡製作輪廓。
2. 起針6針。
   第1至2段，無加減針。
3. 填入不織布，以捲針縫縫合。
4. 以釦眼繡進行往復，製作兩側葉子：
   第1段，
   僅挑回針繡的線，進行釦眼繡。
   第2至3段，
   僅挑釦眼繡的線，進行釦眼繡；
   重複進行1個針目繡1針、1個針目繡2針，
   以增加針數。
5. 製作中央的白色區塊：
   起針8針。
   第1至3段，逐段增加1針。
   第4至6段，逐段減少1針。
6. 填入不織布，以捲針縫縫合。
7. 以釦眼繡進行往復，製作中央的葉子：
   第1段，
   僅挑回針繡的線，進行釦眼繡。
   第2至5段，
   僅挑釦眼繡的線，進行釦眼繡；
   重複進行1個針目繡1針、1個針目繡2針，
   以增加針數。
   第6至7段，僅於前端刺繡。
8. 在葉子織面上，以回針繡繡上葉脈。

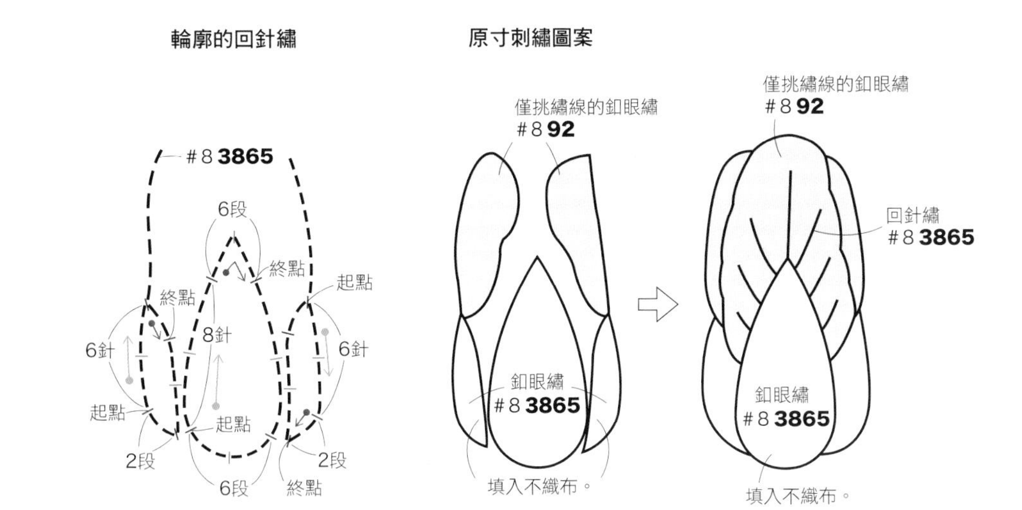

P.8 *a*至*e* 馬卡龍

1. 以回針繡製作輪廓。
2. 製作馬卡龍的上側片：
   起針6針。
   第1至4段，逐段增加1針。
   第5至8段，逐段減少1針。
3. 填入不織布後，在其下方再填入羊毛，
   以捲針縫縫合。
4. 製作馬卡龍的下側片：
   起針8針。
   第1至2段，逐段增加1針。
5. 填入羊毛，以捲針縫縫合。
6. 以鎖鏈繡繡上奶油。

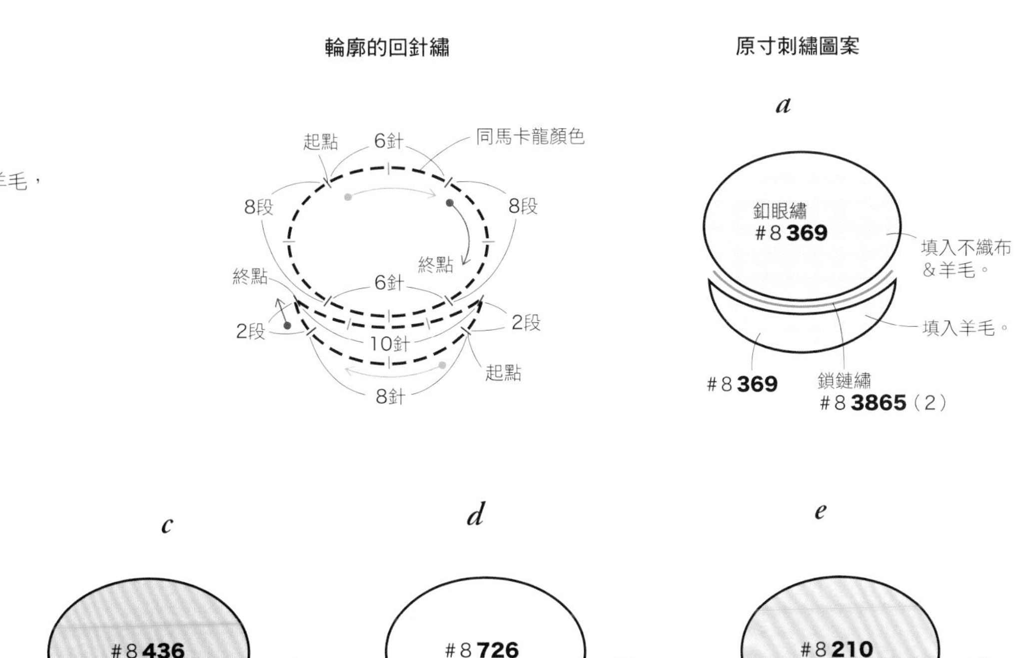

P.8 *h · i · j* 糖果

1. 重疊薄紗＆玻璃紗緞帶之後，
   打單結，放在布面上。
2. 從步驟1上方，以回針繡製作輪廓。
   在此以單結的結眼取代填充物。
3. 起針3針。
   第1至3段，逐段增加1針。
   第4段，無加減針。
   第5至7段，逐段減少1針。
4. 在蝴蝶結的交界線加上直線繡。

輪廓的回針繡

原寸刺繡圖案

h <粉紅色>#8 **761**
i <水藍色>#8 **800**
j <奶油色>#8 **3823**

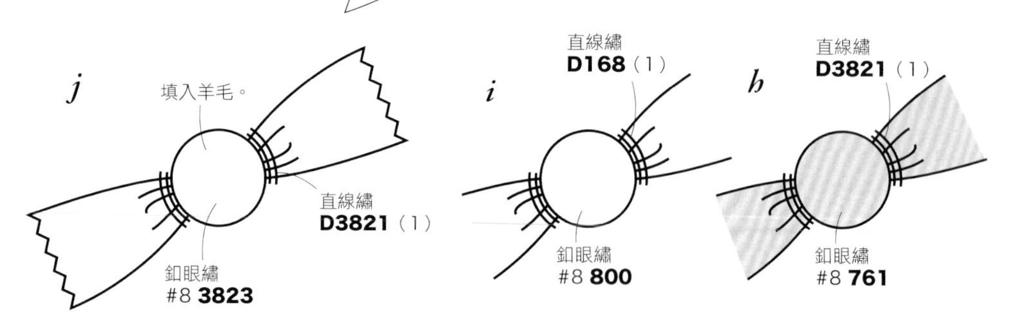

P.8 *f · g* 糖果

1. 以回針繡製作輪廓。
2. 起針9針。
   第1至4段，無加減針。
3. 填入2片不織布，以捲針縫縫合。
4. 挑中央的2針（★），製作包裝紙兩端：
   第1段，1個針目繡2針釦眼繡。
   第2段，邊端處1個針目繡1針，
   中央處1個針目繡2針釦眼繡。
   第3段，重複進行1個針目繡1針、1個針目繡2針，
   以增加針數。

輪廓的回針繡

原寸刺繡圖案

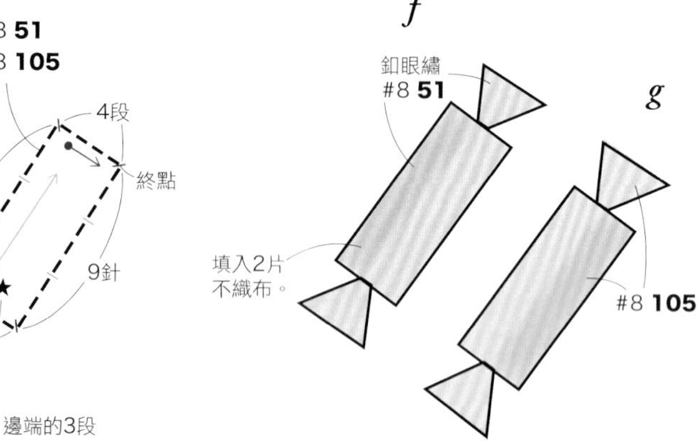

P.8 *k · l* 糖果

1. 以鎖鏈繡繡出糖果棒，並捲繞繡線。
2. 以平針縫縮縫玻璃紗緞帶，接縫於布上。
3. 於玻璃紗緞帶的上方，以回針繡製作輪廓。
4. 起針3針。
   每1段更換色線進行刺繡：
   第1至4段，逐段增加1針。
   第5至7段，逐段減少1針。
5. 填入羊毛，以捲針縫縫合。

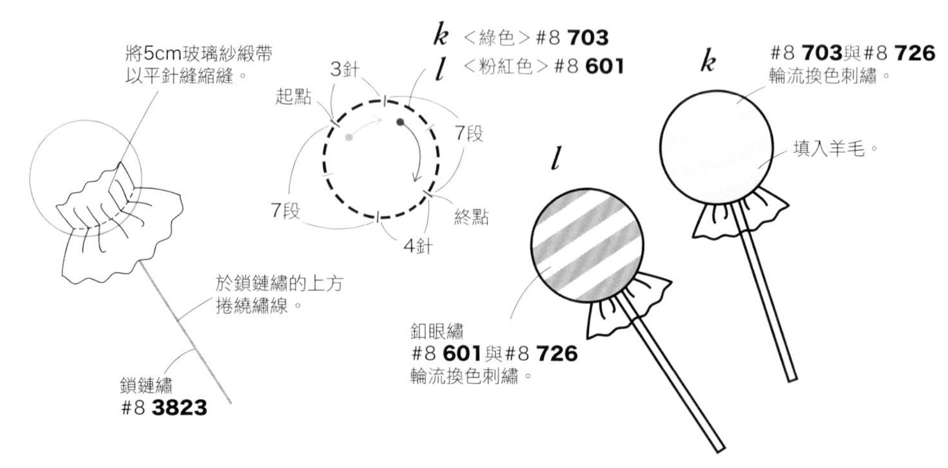

P.6 *f* 藍莓派

1. 依派皮、奶油、藍莓的顏色更換色線，
   以回針繡製作輪廓。
2. 製作派皮的土台：
   起針16針。
   每1段更換色線進行刺繡。
   第1至3段，無加減針。
   完成後，填入不織布，以捲針縫縫合。
3. 製作派皮的鑲邊：
   內側（淺茶色）縫12針回針繡後，
   僅挑繡線，進行1段釦眼繡。
   外側（茶色）縫14針回針繡後，
   僅挑繡線，進行2段釦眼繡。
4. 製作奶油：
   起針12針。
   第1至2段，無加減針。
   第3至7段，逐段減少1針。
   第8至9段，無加減針。
   完成後，填入不織布，以捲針縫縫合。
5. 接縫木珠。

輪廓的回針繡

內側12針回針繡
#8 **436**
#8 **552**
外側14回針繡
#8 **435**
12針
9段
#8 **3823**
②起點
②終點
9段
7針
①終點
3段
3段
16針
①起點
#8 **435**

原寸刺繡圖案

接縫木珠
（6mm・紫色）。
釦眼繡
#8 **552**
填入不織布。
#8 **435**（第1段）
#8 **436**（第2段）
#8 **3823**（第3段）

P.6 *g* 蘋果派

1. 依派皮、奶油的顏色更換色線，
   以回針繡製作輪廓。
2. 製作派皮的土台：
   作法16針。
   第1段，無加減針（淺茶色）。
   第2至3段，無加減針（奶油黃）。
   完成後，填入不織布，以捲針縫縫合。
3. 製作派皮的鑲邊：
   起針12針。
   第1至4段，無加減針。
   完成後，填入不織布，以捲針縫縫合，
   再以直線繡填繡間隙。
4. 製作奶油：
   起針12針。
   第1至9針，逐段減少1針。
   完成後，填入不織布，以捲針縫縫合。
5. 製作蘋果：
   渡線之後，僅挑繡線，進行釦眼繡。
   第1至2段，無加減針（橘色）。
   第3段，無加減針（紅色）。

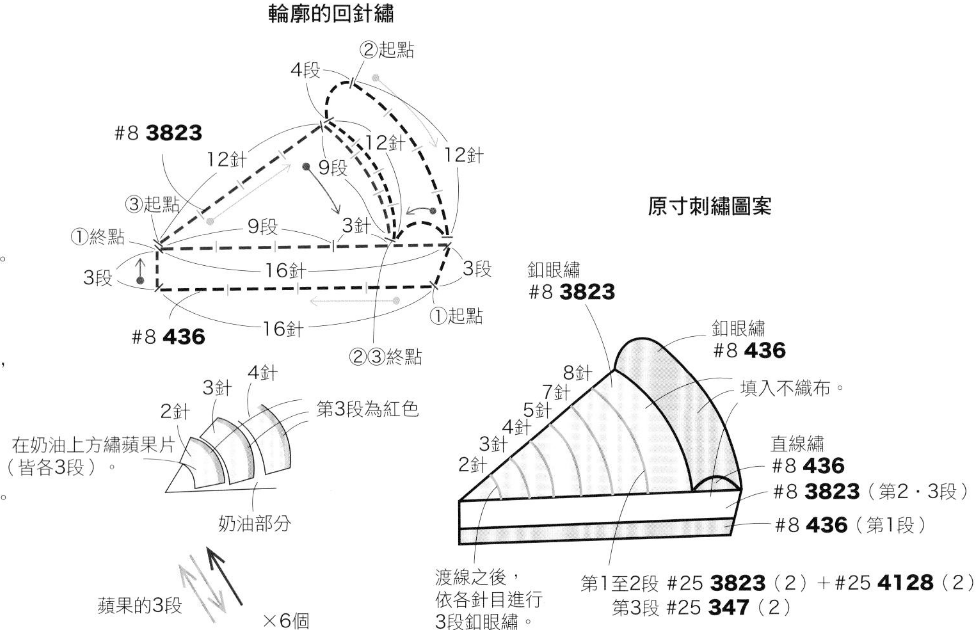

P.6 *h* 沙哈巧克力蛋糕

1. 以回針繡製作輪廓。
2. 製作側面：
   起針16針。
   第1至3段，無加減針（茶色）。
   更換色線。
   第4段，無加減針（焦茶色）。
   第5至7段，無加減針（茶色）。
   完成後，填入不織布，以捲針縫縫合。
3. 製作上面：
   起針12針。
   第1至2段，無加減針。
   第3至7段，逐段減少1針。
   第8至9段，無加減針。
   完成後，填入不織布，以捲針縫縫合。
4. 製作奶油：
   製作撚繩，一邊捲繞，一邊接縫於蛋糕上。
   （參照P.34）

輪廓的回針繡

12針
9段
①終點
②起點
9段
7針
②終點
16針
7段
#8 **938**
7段
#8 **801**
16針
①起點

原寸刺繡圖案

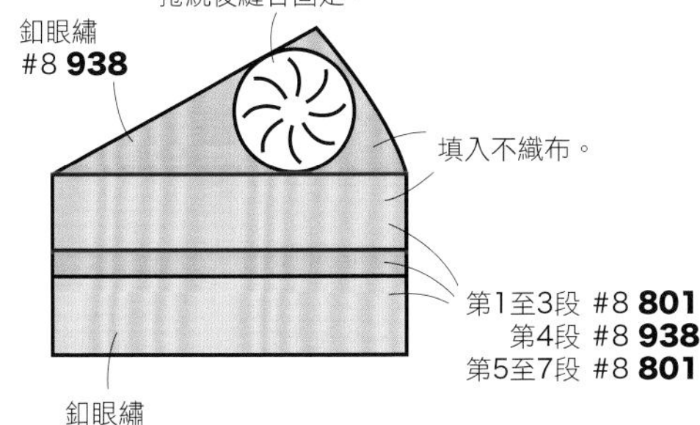

P.6 *d* 巧克力杯子蛋糕

1. 以回針繡製作輪廓。
2. 製作杯子：
   起針6針。
   每1段更換色線進行刺繡。
   第1至9段，無加減針。
   完成後，填入不織布，以捲針縫縫合。
3. 製作蛋糕：
   起針5針。
   第1至8段，逐段增加1針。
   完成後填入不織布，
   並以捲針縫縫合，
   使下緣呈現波浪弧邊。
4. 以撚繩製作奶油，接縫上去（參照P.34）。
5. 以木珠製作櫻桃，接縫上去。

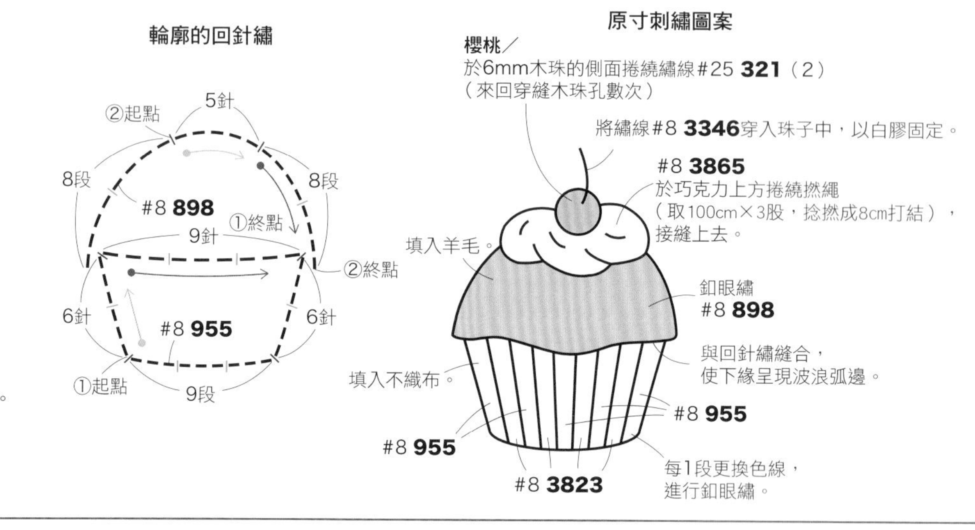

P.6 *a* 蒙布朗

1. 以回針繡製作輪廓。
2. 製作派皮：
   起針9針。
   第1至2段，無加減針（茶色）。
   更換色線。
   第3段，無加減針（淺茶色）。
   完成後，填入不織布，以捲針縫縫合。
3. 以撚繩製作栗子奶油，
   接縫上去（參照P.34）。
4. 依相同作法以撚繩製作鮮奶油。
5. 製作栗子：
   起針2針。
   第1至3段，逐段增加1針。
   完成左右對稱刺繡後，填入羊毛，縫合中央。

輪廓的回針繡

#8 676　②終點　3段　3段　③起點　2針　2針　②起點　3段　3段　③終點

①起點　9針　3段　3段　9針　①終點　#8 436

原寸刺繡圖案

栗子／
釦眼繡
#8 676
填入羊毛，以捲針縫縫合中央。
#8 3865
於栗子上方捲繞撚繩（取100cm×2股，
捻撚成8cm打結）。
#8 841
捲繞撚繩（取120cm×5股，
捻撚成14cm打結），
接縫上去。
#8 436
釦眼繡
#8 437
填入不織布。

P.6 *c* 覆盆子杯子蛋糕

1. 以回針繡製作輪廓。
2. 製作杯子：
   起針6針。
   每1段更換色線進行刺繡。
   第1至9段，無加減針。
   完成後，填入不織布，以捲針縫縫合。
3. 製作奶油：
   製作撚繩，接縫於布上。
   （參照P.34）
4. 挑針至布面，接縫珠子，
   連同撚繩一起止縫固定。
5. 以木珠製作覆盆子，接縫上去。

輪廓的回針繡

9段　終點　6針　6針　#8 ECRU　①起點　9段

原寸刺繡圖案

覆盆子／
於木珠的側面捲繞繡線#25 326（2），
再將繡線作挑針，接縫丸小玻璃珠。
#8 335
捲繞撚繩（以150cm×5股，
捻撚成15cm打結），
接縫上去。
接縫丸小玻璃珠。
填入不織布。
#8 ECRU
#8 ECRU
每1段更換色線進行釦眼繡。
#8 738

P.6 *e* 藍莓杯子蛋糕

1至4. 依覆盆子杯子蛋糕相同作法製作，
5. 以木珠製作藍莓，接縫上去。

輪廓的回針繡

9段　終點　6針　6針　#8 211　①起點　9段

原寸刺繡圖案

藍莓／
於6mm木珠的側面
捲繞繡線#25 3834（2），
並在上方進行1圈釦眼繡。
釦眼繡
#8 553
捲繞撚繩（以150cm×5股，
捻撚成15cm打結），
接縫上去。
接縫丸大玻璃珠。
填入不織布。
#8 211
#8 211
每1段更換色線進行釦眼繡
#8 842

P.11 下午茶

輪廓的回針繡＆原寸刺繡圖案

中層蛋糕／
1. 將不織布疏縫固定。
2. 上下進行浮雕莖幹繡，中央進行直線繡。
3. 接縫珠子。

上層蛋糕／
1. 以回針繡製作輪廓。
2. 起針3針。
   第1段，增加1針。
   第2至3段，無加減針。
3. 填入不織布，以捲針縫縫合。

②取3股#8 **3823**進行渡線。　浮雕莖幹繡　於渡線上進行直線繡。

①將不織布疏縫固定於布片上。　浮雕莖幹繡

#8 **840** 在鎖鏈繡上捲繞繡線。
釦眼繡 #8 **898** 填入不織布。 3針 起點 (紅色) #8 **335** 丸大玻璃珠（紫色）
(茶色) #8 **210**
3段 4目 終點 輪廓繡 #8 **747**
丸大玻璃珠（紅色） #8 **840**
#8 **369** #8 **3688** 珠子（茶色）
#8 **898** #8 **3823** #8 **3823**
浮雕莖幹繡
將不織布疏縫固定。

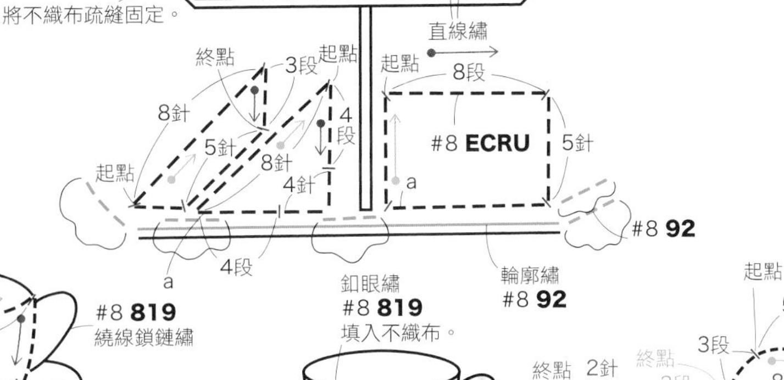

杯子／
1. 以回針繡製作輪廓。
2. 起針9針。
   第1段，減少1針。
   第2段，無加減針。
   第3段，減少1針。
   第4段，無加減針。
   第5段，減少1針。
   第6段，無加減針。
   完成後填入不織布，以捲針縫縫合。
3. 繡上托盤＆把手。

輪廓繡 #8 **819**　起點　6段　9針　6針　終點　#8 **819** 繞線鎖鏈繡

釦眼繡 #8 **819** 填入不織布。

瑪德蓮蛋糕／
1. 以回針繡製作輪廓。
2. 起針4針。
   底部的3段，每1針目進行3次挑針渡線：
   第1至2段，逐段增加1針。
   第3至7段，無加減針。
   第8至9段，逐段減少1針。
3. 填入羊毛，以捲針縫縫合。
4. 繡上盤子。

輪廓繡 #8 **224**

9段　終點　4針　4針　起點　3段

輪廓繡 #8 **224**　法國結粒繡 #25 **224**（3）　釦眼繡 #25 **3823**（2）＋#25 **437**（1）　填入羊毛。

起點　5針　3段　繞線鎖鏈繡 #8 **819**　3段　終點　2針　終點　3段　8針　終點　4段　4段　9針　3段　#8 **819**　②接線　8段　8段　6針　①　起點

三明治／
1. 以回針繡製作輪廓。
2. 製作左側三明治：起針8針。
   第1至3段，逐段減少1針。
   完成後，填入不織布，以捲針縫縫合。
3. 製作中央三明治：先將1片不織布疏縫固定。
   由起點開始進行1圈釦眼繡。
   由起點開始渡線至a處後，進行釦眼繡。
   第1至4段，無加減針。
   完成後，以捲針縫縫合。
4. 製作右側三明治：先將1片不織布疏縫固定。
   由刺繡起點開始進行1圈釦眼繡。
   由起點開始渡線至a處後，進行釦眼繡。
   第1至8段，無加減針。
   完成後，與側面的釦眼繡，以捲針縫縫合。
   再於織面之間鑽縫，繡上火腿＆小黃瓜。
5. 製作生菜：
   第1段，挑回針繡的繡線，每1個針目繡2針釦眼繡。
   第2至3段，依1個針目繡2針、1個針目繡1針的規律進行釦眼繡。

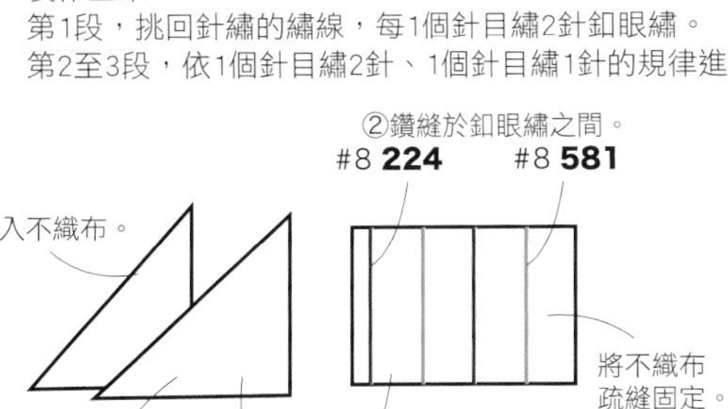

茶壺／
1. 以回針繡製作輪廓。
2. ① 起針6針。
   第1至8段，逐段增加1針。
   第9至12段，無加減針，2針。
   ② 接線後，第1段減少1針，繡11針。
   第2至3段，逐段減少1針。
   完成後填入不織布，在其下方再填入羊毛，以捲針縫縫合。
3. 繡上壺蓋：起針5針。
   第1至3段，逐段增加1針。
   完成後填入羊毛，以捲針縫縫合。
4. 繡上把手。
5. 接縫小飾物。

由下往注水口進行刺繡。

P.7 *6* 杯子蛋糕吊飾

※為了更淺顯易懂，在此改以不同色線進行示範解說。

捲繞不織布，製作土台，
接縫撚繩，製作全立體的杯子蛋糕。

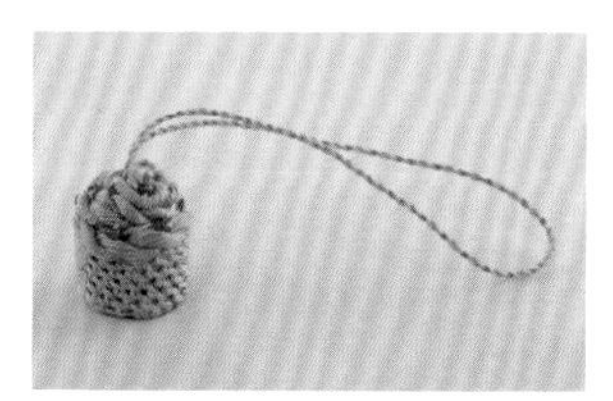

材料
不織布（淺駝色）寬1.5cm 長32cm
8號繡線（粉紅色／奶油用）**760**
8號繡線（淺駝色／土台用）**437**
珠子適量

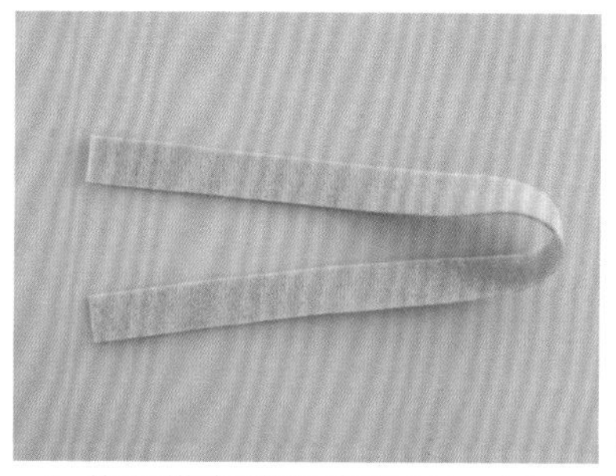

1 將不織布裁剪成寬1.5cm長32cm。使用市售寬20cm的不織布時，接縫至指定長度即可。

2 由邊端開始緊緊地捲成圓柱狀。捲至直徑2cm時，縫合固定。一次挑縫2片不織布，並以一圈20針製作釦眼繡的起針。

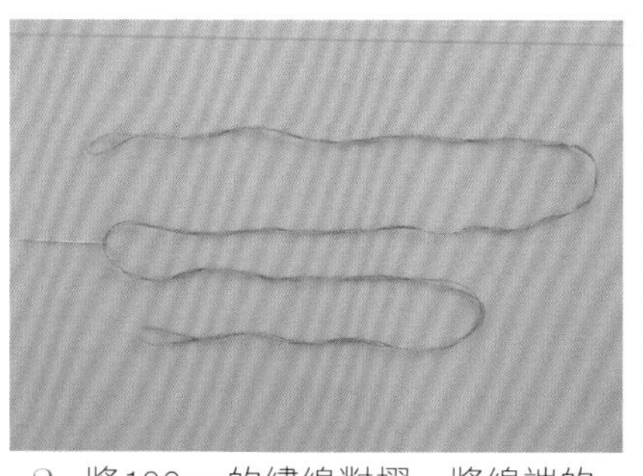

3 將100cm的繡線對摺，將線端的2條線一起穿針。

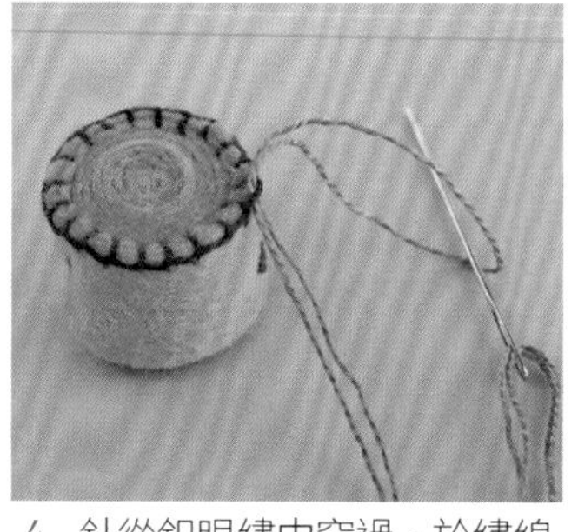

4 針從釦眼繡中穿過，於繡線形成的線圈處入針後，拉線，掛線之後進行固定。

5 挑縫步驟*2*縫合不織布的釦眼繡，進行釦眼繡。

6 待繡完一圈釦眼繡後，再於起繡位置入針，呈螺旋狀進行逐段的釦眼繡。

7 當繡線變短時，請跨過釦眼繡的線入針，往底側平面出針。

8 針穿通兩側平面，拔針後剪線。

9 於釦眼繡中穿入新的繡線。

10 於線圈處入針後，拉線，掛線之後進行固定。

11 進行釦眼繡至不織布的底邊，填滿側面。

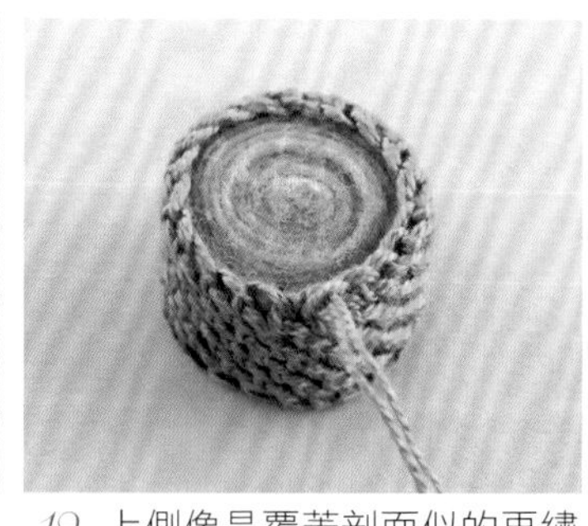

12 上側像是覆蓋剖面似的再繡上1段。

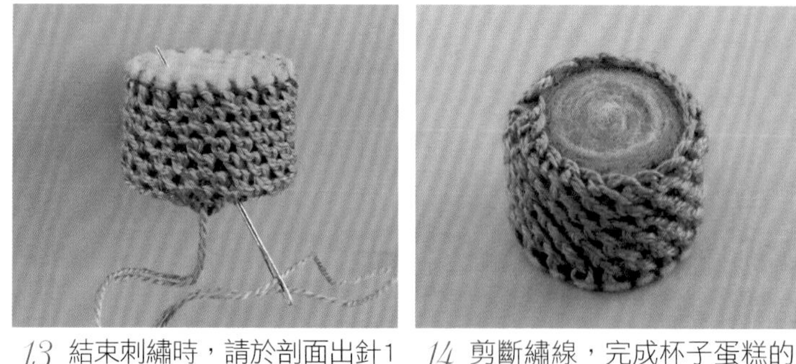

13 結束刺繡時，請於剖面出針1次，再往回穿通兩側平面。

14 剪斷繡線，完成杯子蛋糕的土台。

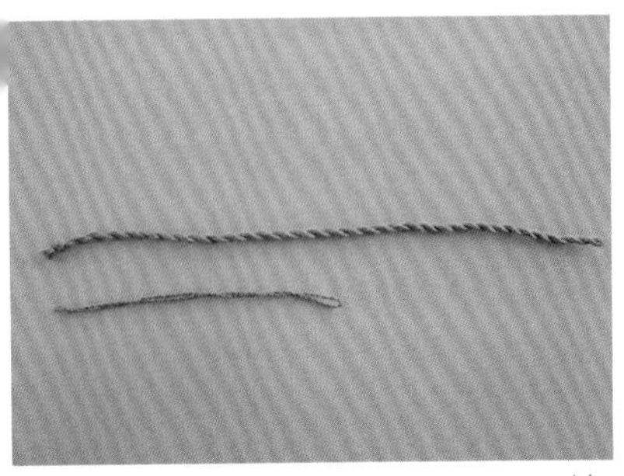

15 奶油用撚繩是取6股150cm繡線，作成線圈後，打結。大約搓撚65次左右，將線端打結後，作成25cm長。吊繩用撚繩則是將1股150cm的繡線搓撚120次之後，打結。

16 將奶油的結眼接縫於土台上面。

17 由外圍開始接縫上去，將針貫穿底部縫合。

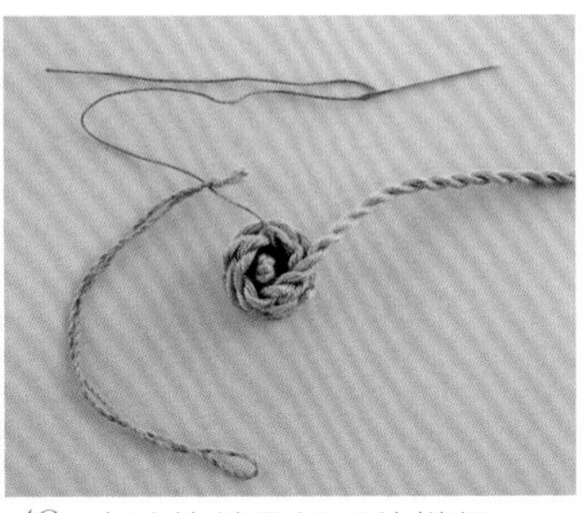

18 中途接縫吊繩用的撚繩。

19 一邊於上方堆繞奶油，一邊接縫上去。

20 最後，於撚繩的繩圈中入針，使針貫穿至底部。

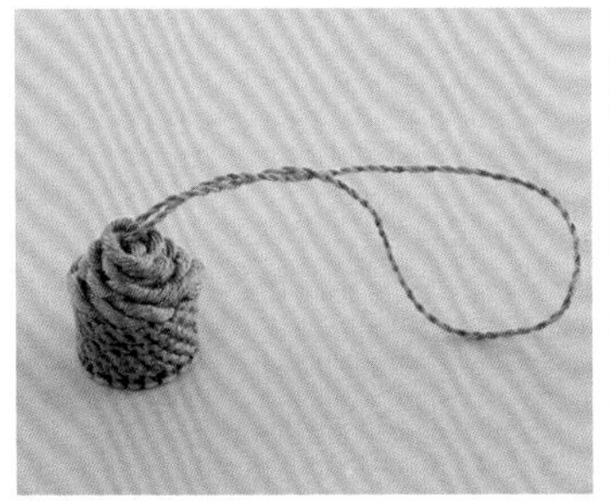

21 打線結固定後，剪斷繡線。

完成！

22 接縫珠子。

P.7 *6* 杯子蛋糕吊飾

作法同P.50，
再縫上吊飾＆珠子。

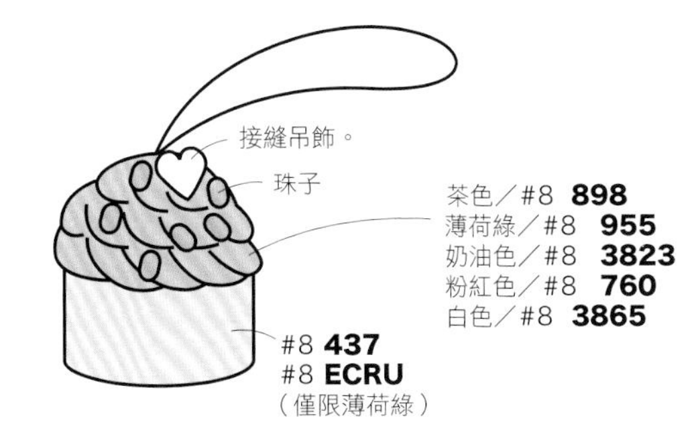

P.12 *g* 西瓜

1. 依標示更換色線，以回針繡製作輪廓。
2. 起針2針。
   第1至10段，逐段增加1針（紅色）。
   更換色線後，
   第11至12段，無加減針（黃綠色）。
3. 填入不織布，以捲針縫縫合。
4. 接縫珠子。
5. 以浮雕莖幹繡繡上冰棒棍。

輪廓的回針繡

原寸刺繡圖案

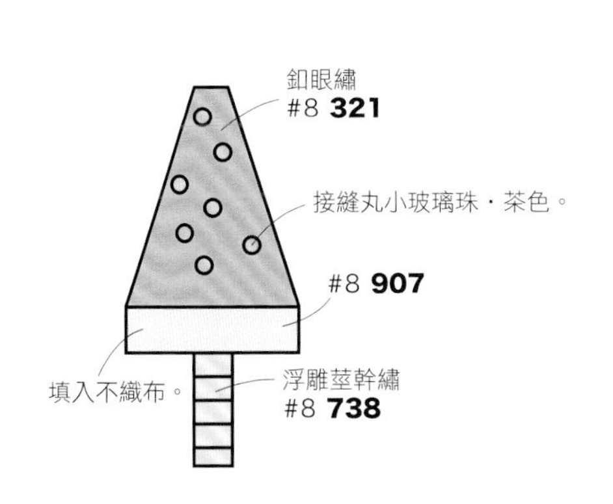

P.6 *b* 玫瑰荔枝馬卡龍蛋糕

1. 依標示更換色線，以回針繡製作輪廓。
2. 製作上方的蛋糕：
   起針6針。
   第1至4段，逐段增加1針。
   第5至8段，逐段減少1針。
   填入2片不織布，以捲針縫縫合。
3. 製作下方的蛋糕：
   起針12針。
   第1至2段，無加減針。
   填入羊毛，以捲針縫縫合。
4. 製作覆盆子：
   第1至2圈，無加減針。
   第3至4圈，重複進行繡2針、跳1針，以減少針數。
   完成後，填入不織布，以捲針縫縫合。
5. 製作蛋糕上的覆盆子，接縫上去（參照P.48）。
6. 於覆盆子上接縫珠子。

輪廓的回針繡

6針
①起點
8段
8段
#8 **3326**
①終點
#25 **326**（3）
6針
8針
②終點
2段
2段
②起點
12針
#8 **3326**

原寸刺繡圖案

於6mm的木珠上
捲繞繡線#25 **326**（2），
並縫上丸小玻璃珠。
釦眼繡
#8 **3326**
填入2片不織布。
釦眼繡
#25 **326**（3）
填入不織布。
接縫丸小玻璃珠。
填入羊毛。

P.9 *9* 波奇包

材料
表布（麻布）寬60cm 長20cm
裡布（棉布）寬60cm 長20cm
拉鍊　長24cm　1條
8號繡線
珠子適量

馬卡龍的刺繡方法參照P.45。

馬卡龍的繡線色號（皆為#8）
a 本體…**210**
　奶油…**208**（2）
b 本體…**3823**
　奶油…**437**（2）
c 本體…**760**
　奶油…珠子
d 本體…**818**
　奶油…珠子
e 本體…**955**
　奶油…**3865**（2）

1. 於布片上進行刺繡。
2. 摺疊布片袋口側的縫份後，
   與拉鍊布帶接縫。
3. 縫合袋底，打開縫份。
4. 縫合脇邊。
5. 打開縫份，縫出側身。
6. 依相同作法縫合裡布。
7. 將裡布放入袋布中，進行藏針縫。

※請依圖示尺寸外加1cm縫份後，再作裁布。

袋布2片・裡布2片

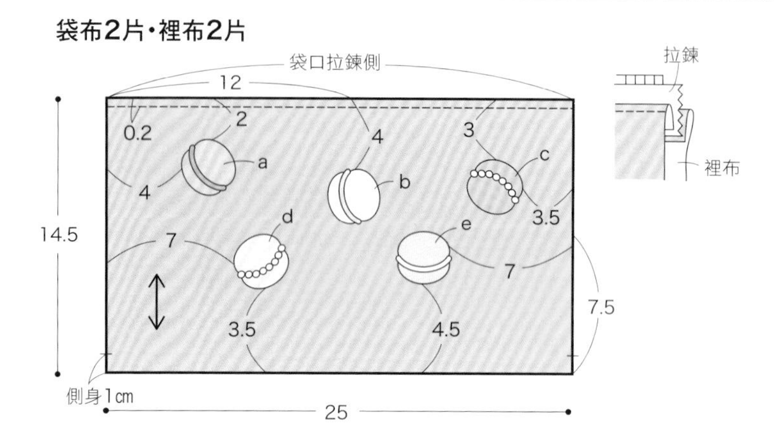

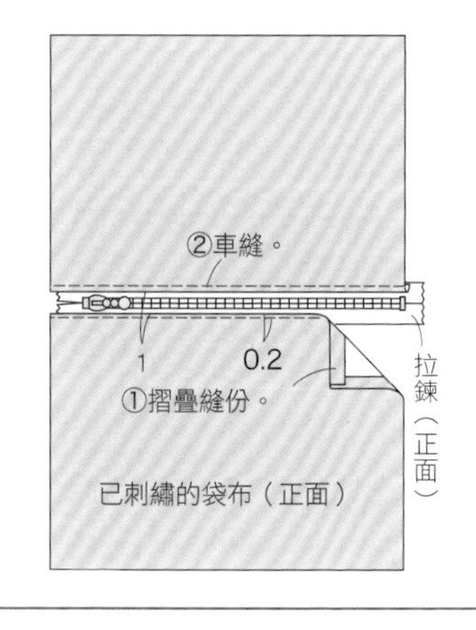

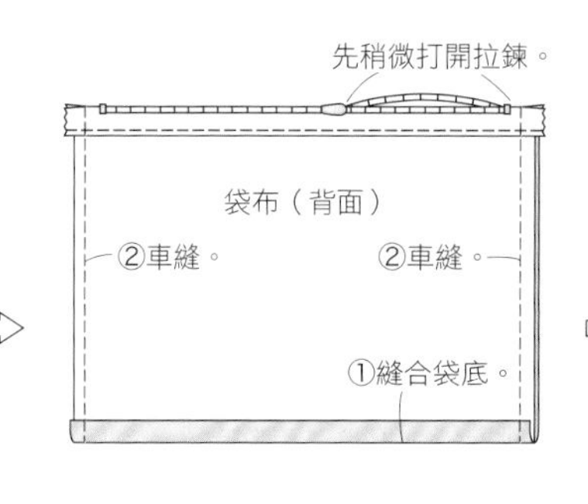

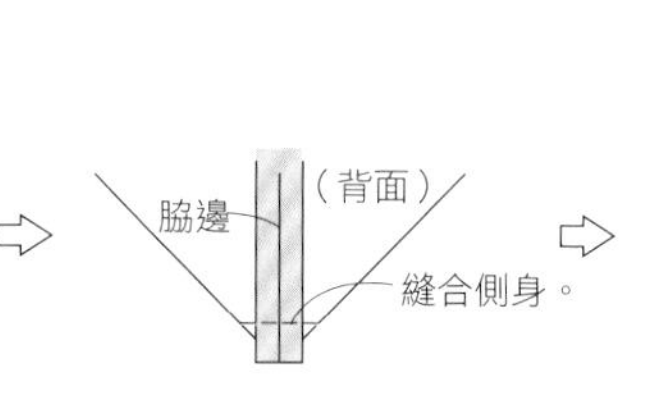

※裡布也以相同作法縫合。

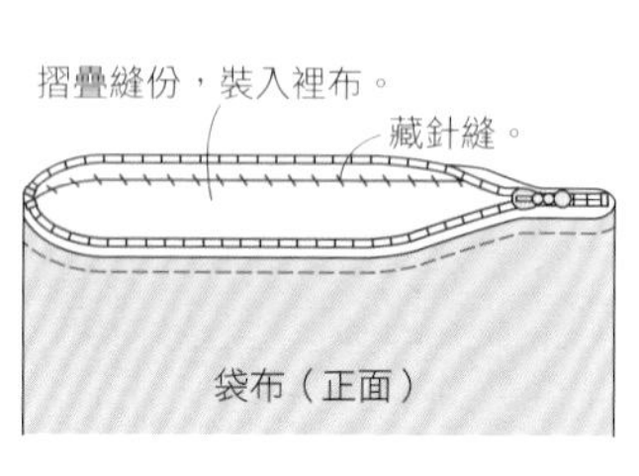

P.9 *7•8* 胸針

材料（1件）
薄紗　寬10cm 長8cm
玻璃紗緞帶　寬5.5cm 長10cm
市售的毛氈球　直徑約1cm 1顆
8號繡線
胸針　2cm　1個

1. 將毛氈球當作填充物，
   以緞帶＆薄紗一起進行捲繞。
2. 以線在兩邊端打結。
3. 進行刺繡。
4. 接縫胸針。

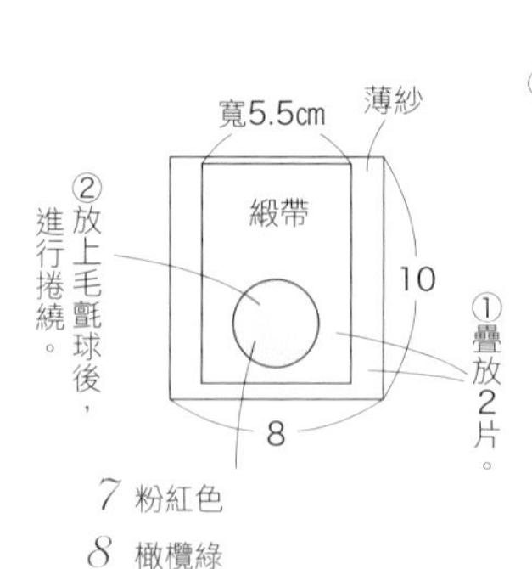

7 粉紅色
8 橄欖綠

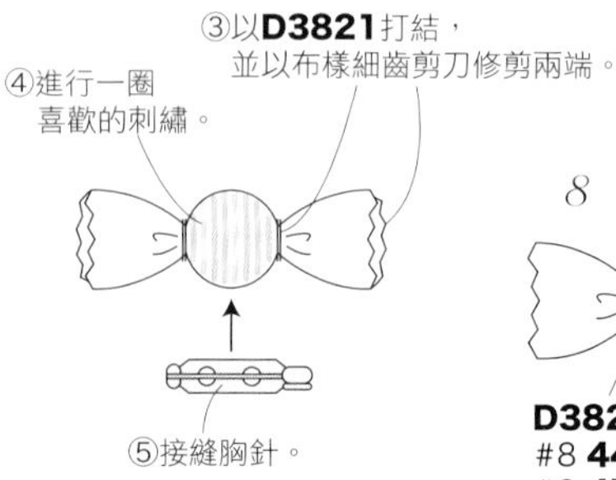

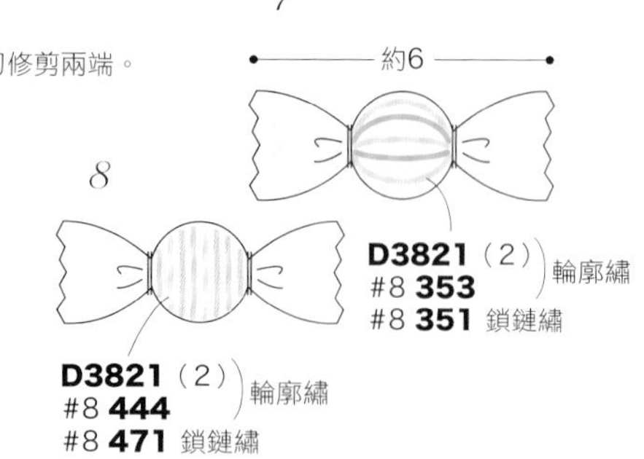

P.12 *c* 至 *e* 冰淇淋

1. 依甜筒＆冰淇淋的顏色更換色線，
   以回針縫製作輪廓。
2. 製作甜筒：
   起針9針。
   第1至5段，逐段減少1針。
   完成後，填入不織布，以捲針縫縫合。
3. 製作冰淇淋：
   挑回針繡的線，進行釦眼繡。
   第1至4圈，無加減針。
   填入羊毛。
   第5圈，重複進行繡2針、跳1針，以減少針數。
   第6至8圈，進行繡1針、跳1針，以減少針數。
   完成後，以捲針縫縫合。
4. 製作下側的荷葉邊（a至b）：
   於a處接線。
   第1段，於冰淇淋的1針回針繡中，
   進行2針釦眼繡。
   第2段，於第1段的釦眼繡上，再次進行釦眼繡。
   重複進行1個針目繡1針、1個針目繡2針，
   以增加針數。
5. 將下幅作出抽拉細褶似地接縫固定。
6. 接縫珠子。

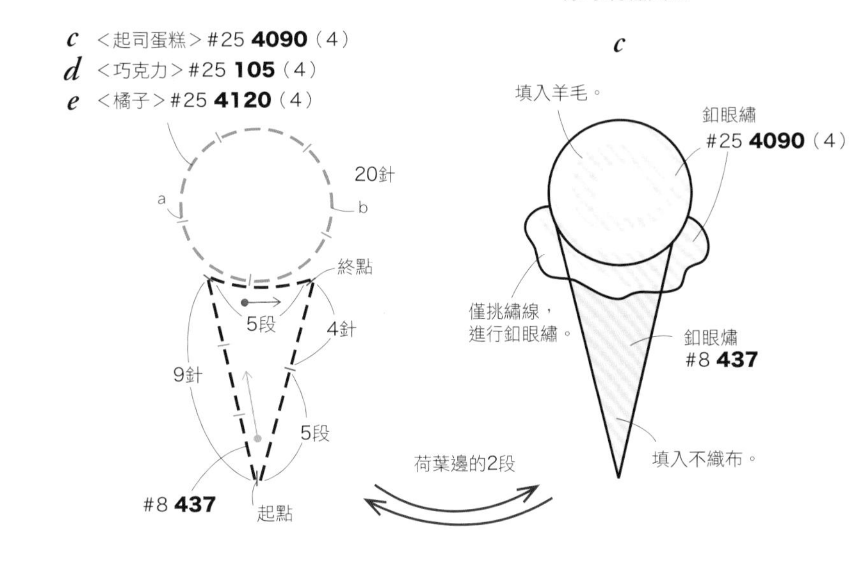

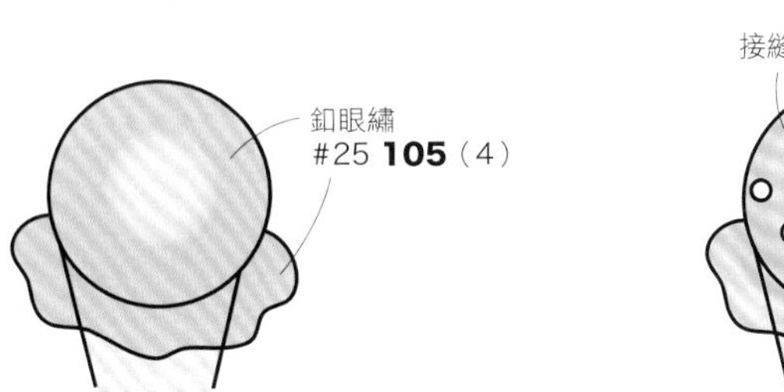

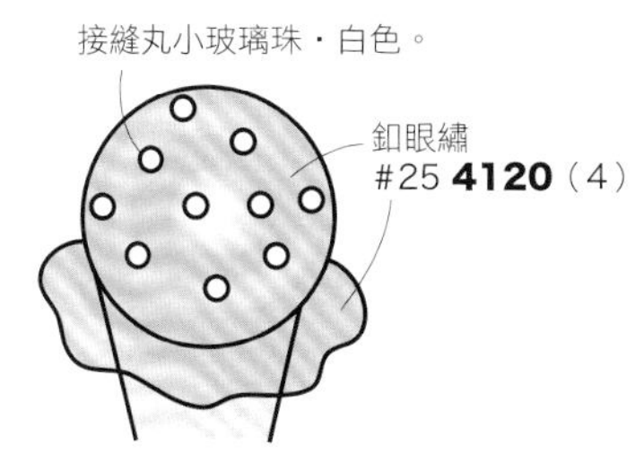

P.12 *a*・*b* 冰淇淋

作法同單球冰淇淋，
並於單球上方再加繡一球冰淇淋。

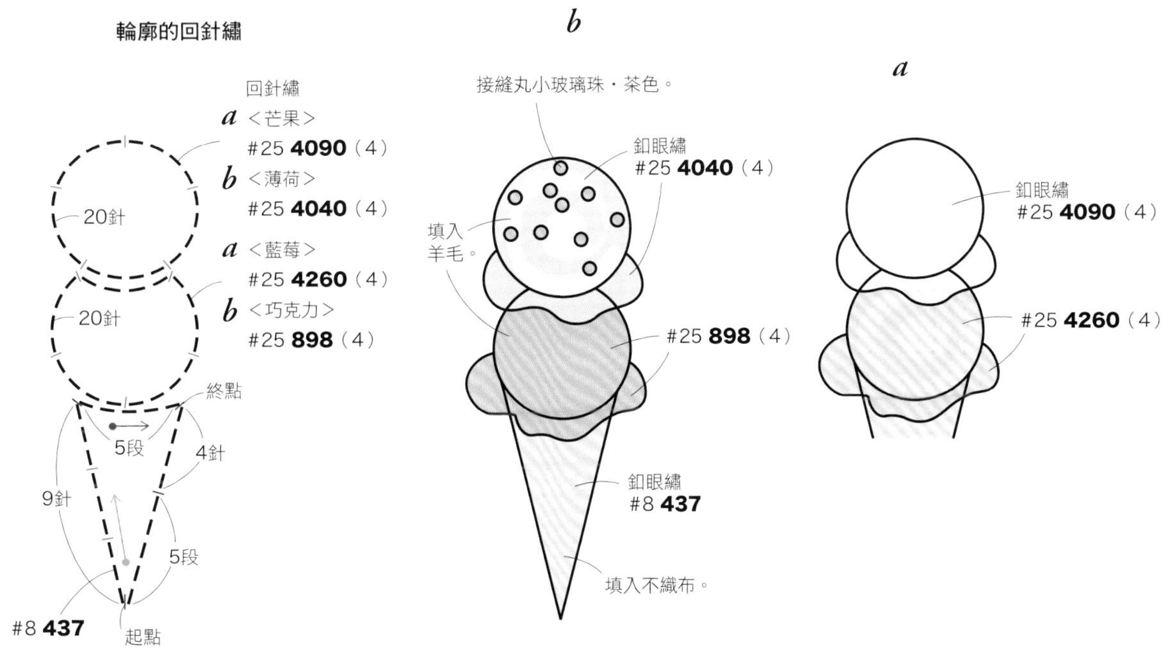

P.12 *f*・*b* 巧克力・草莓

1. 依標示更換色線，以回針繡製作輪廓。
2. 起針4針。
   第1至5段，逐段增加1針（茶色・粉紅色）。
   第6至10段，無加減針（茶色・粉紅色）。
   第11至13段，無加減針（奶油色）。
3. 填入不織布，以捲針縫縫合。
4. 以浮雕莖幹繡繡上冰棒棍。
5. 接縫珠子。

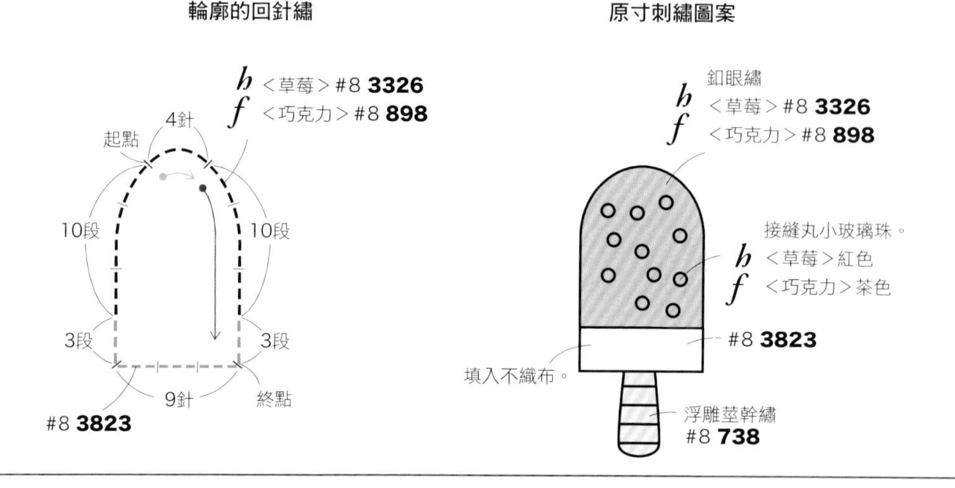

P.12 *i* 蘇打

1. 以回針繡製作輪廓。
2. 由刺繡起點開始進行2圈釦眼繡。
3. 由起點開始渡線至a處後，第1至4段，無加減針。
4. 填入2片不織布，以捲針縫縫合。
5. 以浮雕莖幹繡繡上冰棒棍。

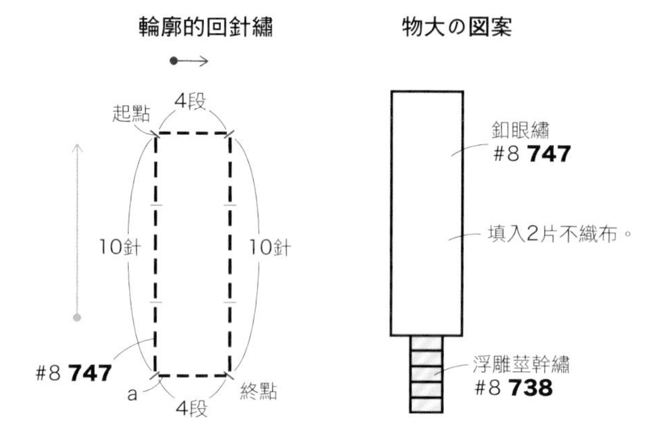

P.13 *b* 草莓芭菲

1. 以回針繡製作玻璃杯的內部、
   玻璃杯的杯腳、草莓的輪廓。
2. 製作玻璃杯的內容物：
   每1段更換色線進行刺繡。
   起針4針。
   第1至12段，逐段增加1針。
   第12段，再次以**D168**進行釦眼繡。
   完成後填入不織布，
   在其下方再填入羊毛，
   暫不縫合，預留開口。
3. 製作玻璃杯的杯腳：
   起針8針。
   第1至4段，逐段減少1針。
   第5至8段，無加減針。
   不放任何填充物，下幅不縫合，
   預留開口。
4. 以回針繡繡上玻璃杯的側面。
5. 製作巧克力棒。
6. 製作草莓：
   起針2針。
   第1至4段，逐段增加1針。
   第5至6段，逐段減少1針。
   完成後，填入羊毛，以捲針縫縫合。
7. 以浮雕莖幹繡製作果蒂。
8. 以撚繩製作2種奶油。
   依黃色、白色的順序進行接縫。
9. 接縫珠子。

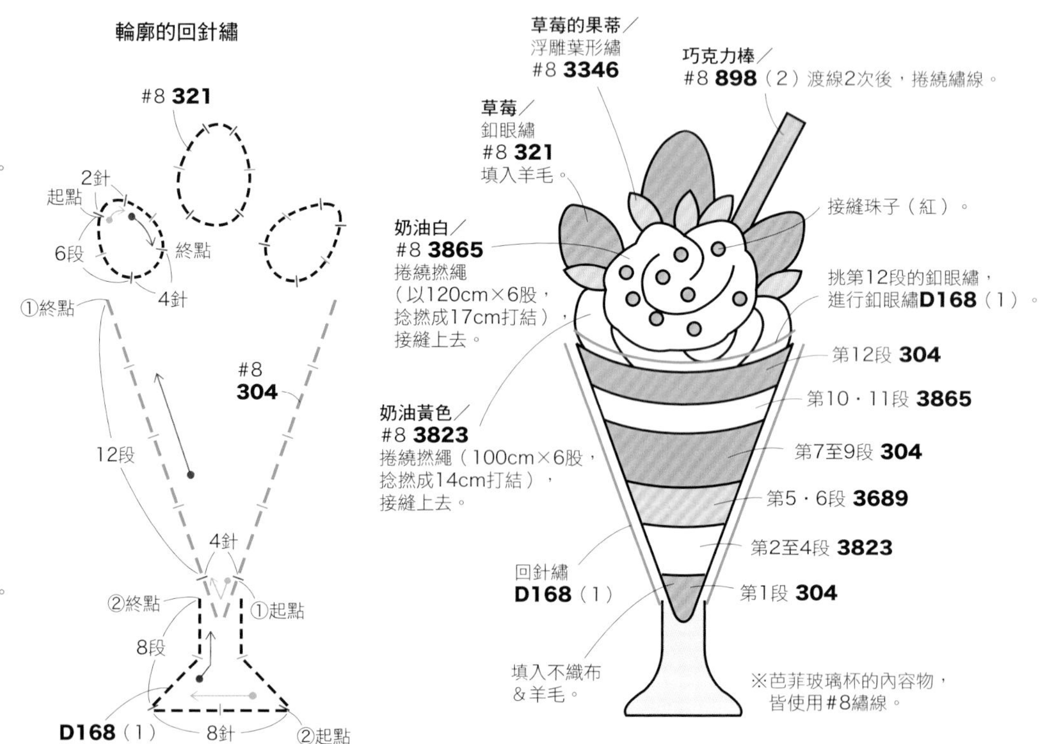

P.13 *a* 抹茶芭菲

1.至4. 作法與草莓芭菲（*b*）相同。
5. 以緞面繡繡上白玉。
6. 以釦眼繡繡上抹茶冰淇淋：
   第1至3圈，無加減針。
   第4至6圈，重複進行繡2針、跳1針，以減少針數。
   完成後，填入羊毛後，以捲針縫縫合。
7. 以釦眼繡製作紅豆冰淇淋：
   第1至3圈，無加減針。
   第4至6圈，重複進行繡2針、跳1針，以減少針數。
   完成後，填入羊毛後，以捲針縫縫合。
8. 製作餡料：
   起針6針。
   第1至2段，無加減針。
   完成後，填入羊毛後，以捲針縫縫合。
   最後接縫珠子。
9. 以撚繩製作奶油，接縫上去。
10. 以浮雕莖幹繡繡上餅乾。

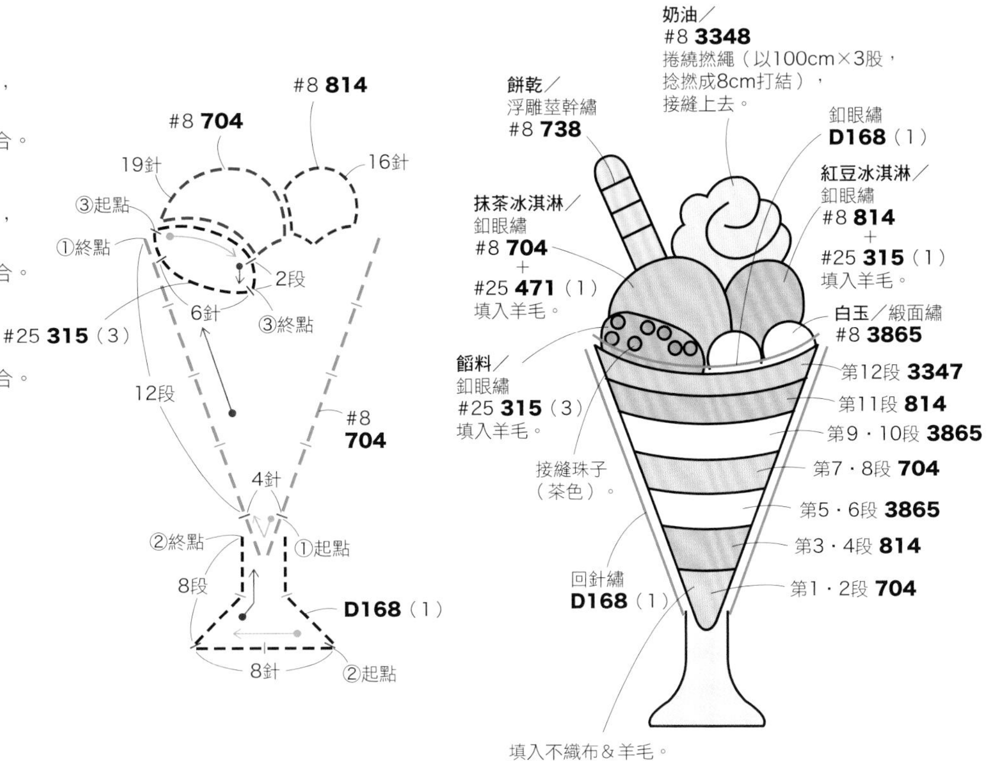

P.13 *c* 芒果芭菲

1.至4. 作法與草莓芭菲（*b*）相同。
5. 製作芒果：
   起針4針。
   第1至3段，逐段增加1針。
   對稱地完成左右兩半邊的刺繡後，填入羊毛，從中央縫合。
6. 以撚繩製作奶油，接縫上去（參照P.34）。
7. 以浮雕葉形繡製作薄荷葉。
8. 接縫珠子。

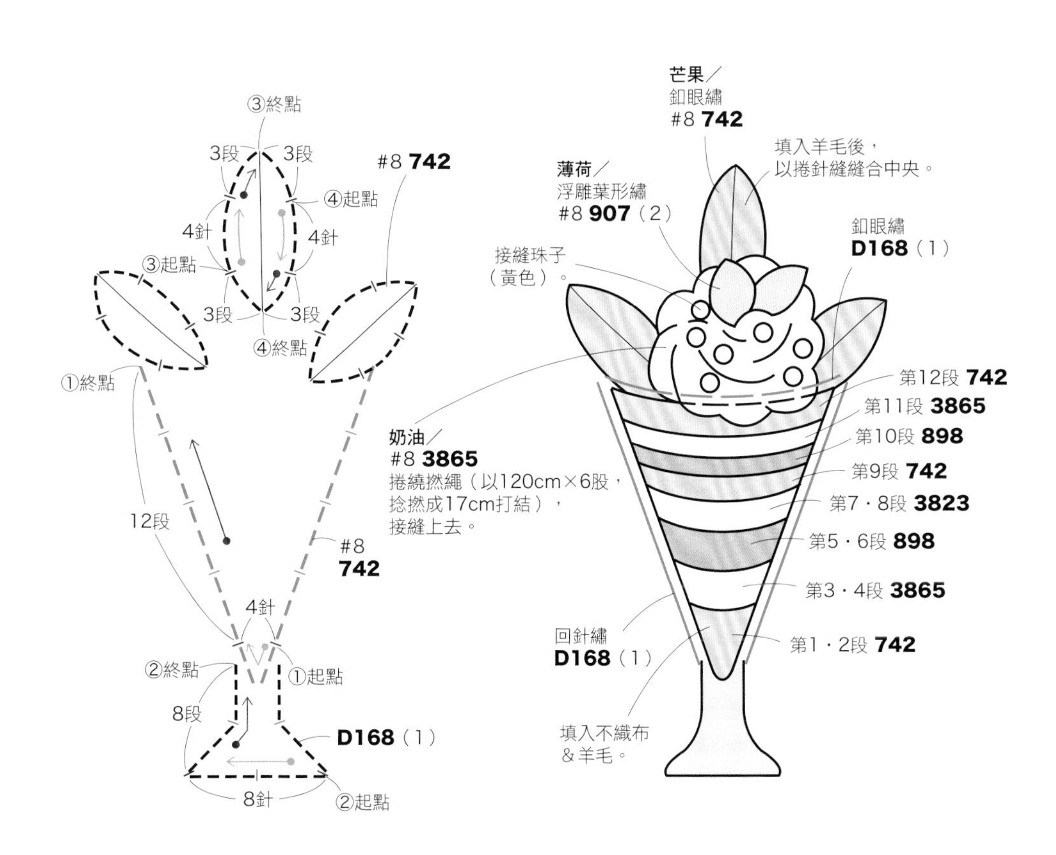

P.14 *a*至*c*・*j*至*l* 甜甜圈

c 巧克力

1. 以回針繡製作輪廓。
2. 由外圍往內圍進行刺繡，製作甜甜圈：
   第1至6圈，無加減針。
3. 填入羊毛後，分配針數，將32針釦眼繡與18針回針繡，以捲針縫縫合。
4. 以直線繡繡上杏仁脆片。

a*・*b 開心果・草莓

1. 以回針繡製作輪廓。
2. 由外圍往內圍進行刺繡，製作甜甜圈：
   將外圍進行1圈釦眼繡（淺駝色）。
   第2至6圈，無加減針（黃綠色・粉紅色）。
3. 填入羊毛後，分配針數，將32針釦眼繡與18針回針繡，以捲針縫縫合。
4. 接縫珠子。

l 奶油

甜甜圈作法相同，最後以直線繡繡上巧克力。

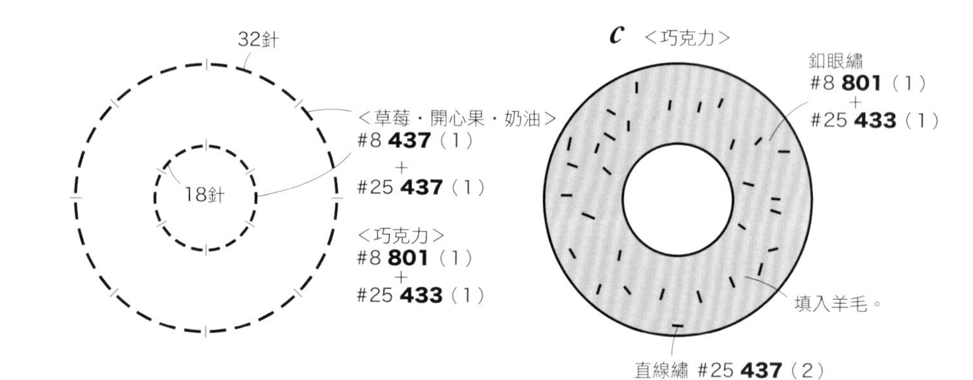

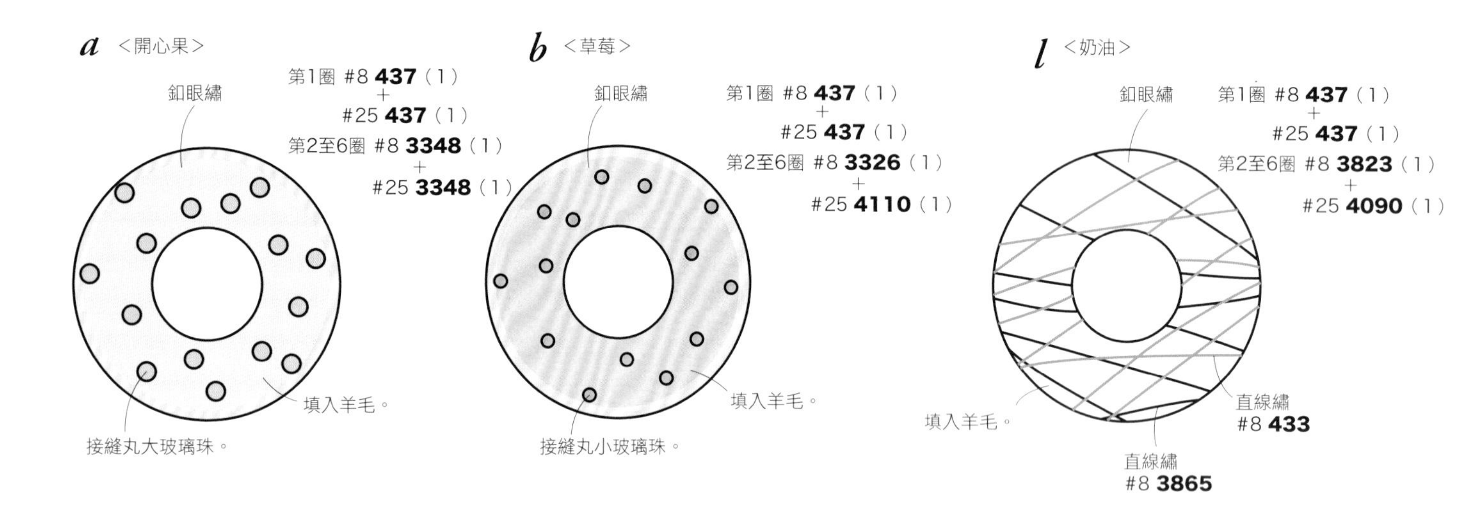

j 法式花捲甜甜圈・藍莓

k 法式花捲甜甜圈・巧克力

1. 以回針繡製作輪廓。
2. 由外圍往內圍進行刺繡，製作甜甜圈：
   第1至2圈，無加減針。
3. 於a至b進行渡線，並於線上作5針起針。
4. 內圍回針繡的每1針目皆挑縫2次，
   依指定色線，無加減針進行22段刺繡。
5. 一邊填入羊毛，一邊依指定顏色更換色線，
   同樣無加減針進行14段刺繡。
6. 最後回到a・b起針處，
   以捲針縫縫合頭尾兩段。

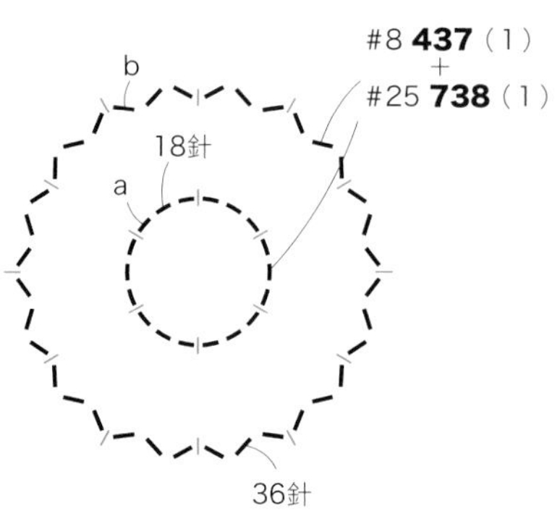

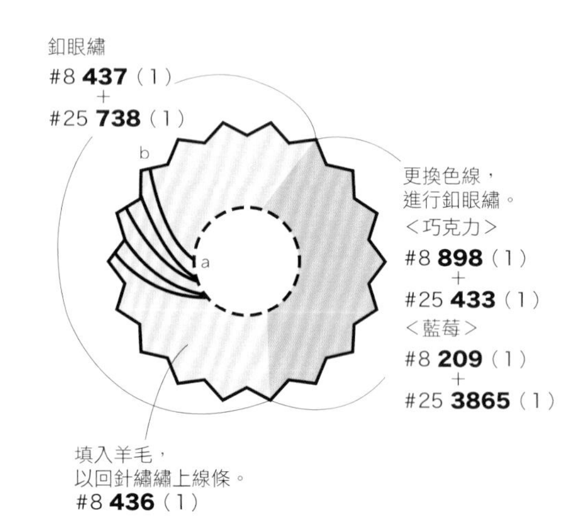

P.14 *d*至*i* 閃電泡芙

1. 進行1圈40針的回針繡，製作輪廓。
2. 第1至3圈，無加減針。
3. 填入2片不織布。
4. 第4圈：
   直線部分無加減針。
   兩端弧邊，每繡2針、跳1針。
   共進行32針釦眼繡後，
   從中央處以捲針縫縫合。
5. 於閃電泡芙上方，以緞面繡繡上奶油。
6. 接縫裝飾用珠。
   i 巧克力：以直線繡進行刺繡。

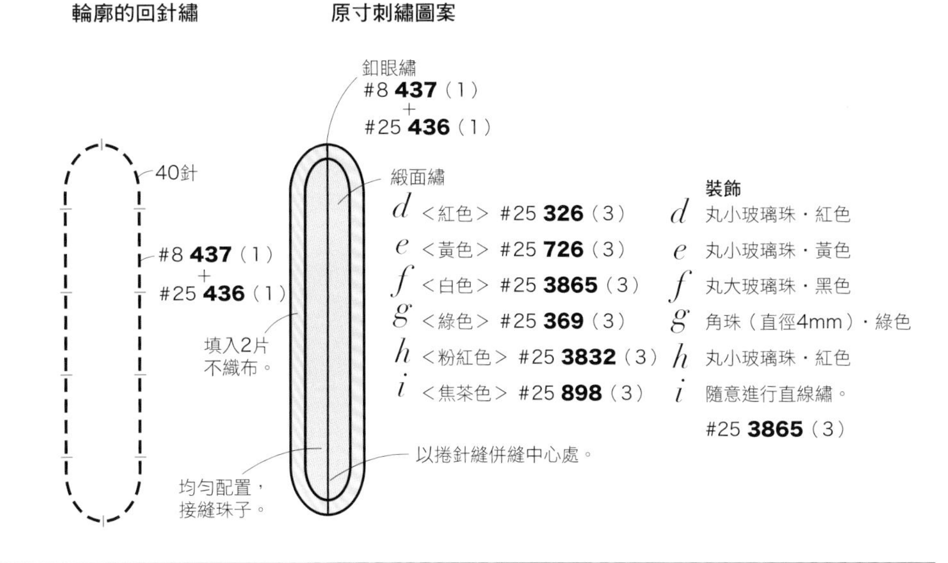

P.15 *14*至*16* 甜甜圈吊飾

材料（1件）
8號繡線
14 **898**
15 **437** **335**
16 **437** **3348**
25號繡線
14 **898**
15 **335** **437**
16 **3348** **437**
不織布（*14* 焦茶色、*15*・*16* 淺茶色）寬10cm 長5cm
C圈 1個
附龍蝦釦的吊繩 1個
羊毛・珠子 適宜

1. 裁剪2片不織布，以指定針數的釦眼繡
   進行縫合，並在中途填入羊毛。
2. 由外圍往內圍進行釦眼繡，製作甜甜圈：
   第1至4圈，無加減針。
   第5圈，重複進行繡2針、跳1針，減針至27針。
   第6圈，無加減針。
   第7圈，重複進行繡2針、跳1針，減針至19針。
3. 與內圍的20針目以捲針縫縫合。
4. 背面也依相同方式進行刺繡。
5. 接縫珠子。
6. 接縫C圈，並掛上吊繩。

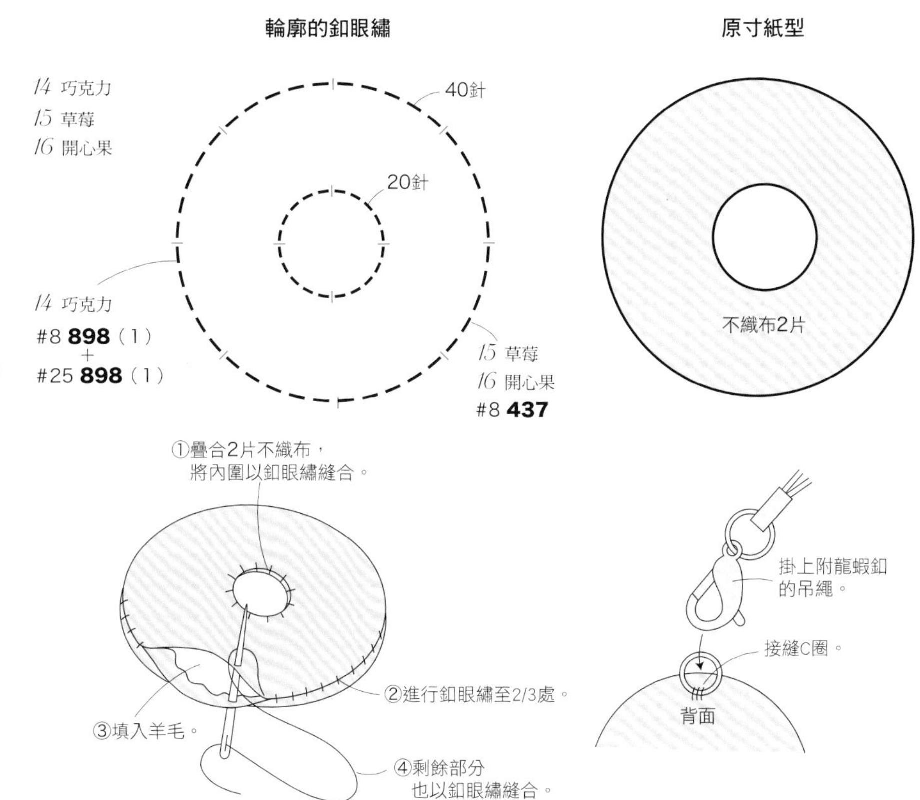

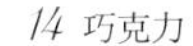

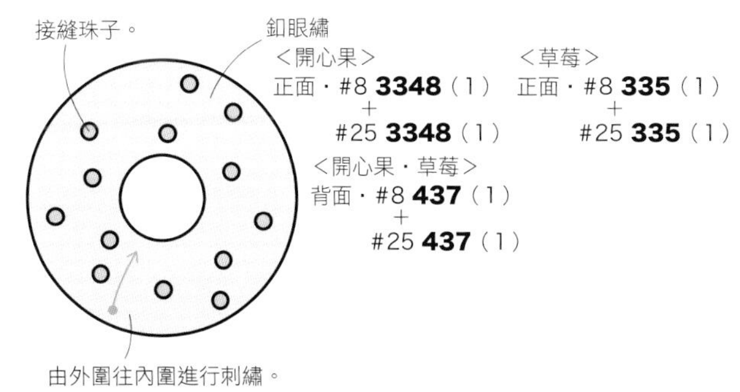

P.16 *c* 法式長棍麵包

1. 以回針繡製作輪廓。
2. 起針6針。
   第1至14段，無加減針。
3. 填入羊毛，以捲針縫縫合。
4. 以直線繡在法式長棍麵包上方繡上裂縫。

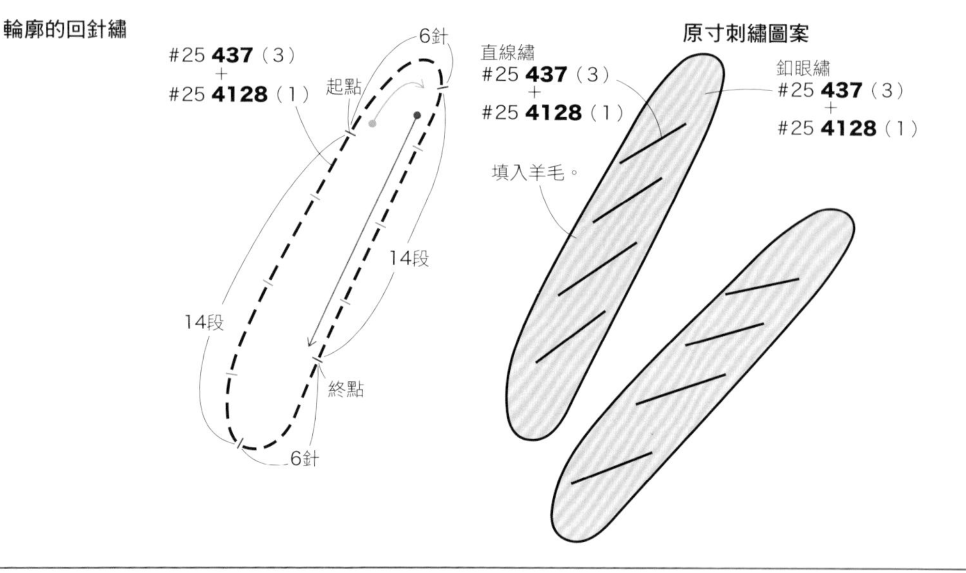

P.16 *b* 德國麵包

1. 以回針繡製作輪廓。
2. 將2片不織布疏縫固定於布片上。
3. 由刺繡起點開始進行2圈釦眼繡（#8 **801**）
4. 由起點開始渡線至a處後，進行釦眼繡（#8 **433**）：
   第1段，增加1針。
   第2至6段，無加減針。
   刺繡完成後，將底部以捲針縫縫合。
5. 以直線繡在麵包上方繡上顆粒。

輪廓的回針繡

6針
a
起點
6段
#8 **801**
6段
7針

原寸刺繡圖案

側面
釦眼繡
#8 **801**
將2片不織布疏縫固定。
上面
釦眼繡
#8 **433**
直線繡
#25 **738**（2）

P.16 *i* 裸麥麵包

1. 進行1圈25針的回針繡，製作輪廓。
2. 第1至4圈，無加減針。
   繡線更換成**4145**（4）後，
   進行第5圈，無加減針。
3. 填入羊毛。
4. 第6至9圈，重複繡2針、跳1針，進行減針。
   完成後，以捲針縫縫合。
5. 以輪廓繡在麵包上方繡上裂縫。

輪廓的回針繡

#25 **4145**（3）
+
#25 **433**（1）
25針

原寸刺繡圖案

第1至4圈
釦眼繡
#25 **4145**（3）
+
#25 **433**（1）
第5至9圈
釦眼繡
#25 **4145**（4）
填入羊毛。
以輪廓繡填滿
#25 **433**（2）

P.16 *f* 布里歐麵包

1. 以回針繡製作輪廓。
2. 進行上段刺繡：
   第1至3圈，無加減針。
   第4至5圈，重複繡1針、跳1針，以減少針數。
   完成後，填入羊毛，以捲針縫縫合。
3. 進行中段刺繡：
   起針8針。
   第1段，增加1針。
   第2至3段，無加減針。
   第4至6段，逐段減少1針。
   完成後，填入羊毛，以捲針縫縫合。
4. 以直線繡進行下段刺繡。

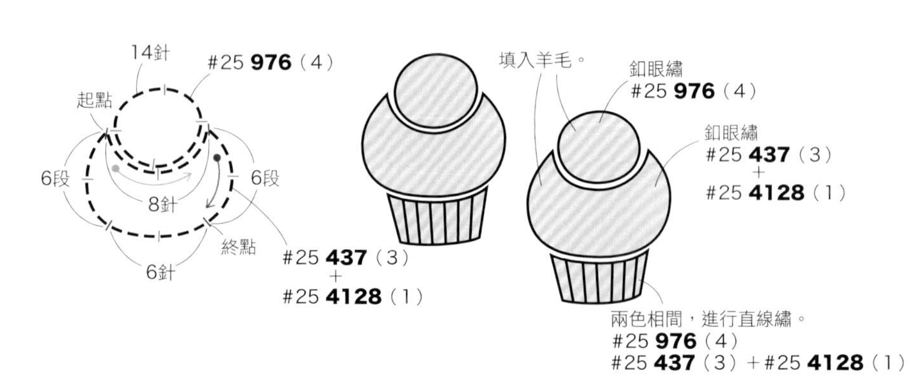

P.16 *g* 聖誕史多倫麵包

整顆麵包

1. 進行1圈28針的回針繡，製作輪廓。
2. 第1至5圈，無加減針
3. 填入羊毛。
4. 第6至8圈，重複繡2針、跳1針，減少針數。
   最後以捲針縫縫合。
5. 以浮雕葉形繡製作柊樹葉。
6. 接縫果實的珠子。

切片麵包

1. 以回針繡製作輪廓。
2. 第1至2圈，無加減針。
3. 渡線之後，進行釦眼繡：
   第1段，4針。
   第2至4段，逐段增加1針。
   完成後，填入不織布，以捲針縫縫合。

輪廓的回針繡

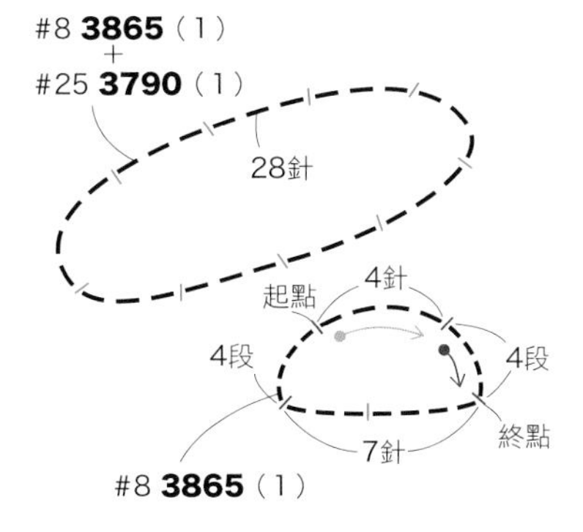

原寸刺繡圖案

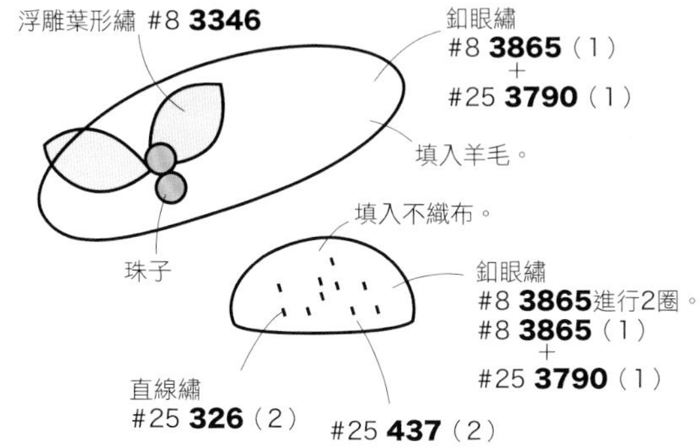

P.16 *b* 可頌

1. 以回針繡製作輪廓。
2. 起針4針。
   第1至2段，無加減針。
   第3至6段，逐段增加1針。
   第7至10段，逐段減少1針。
   第11至12段，無加減針。
3. 填入羊毛，以捲針縫縫合。
4. 由a開始渡線至b，挑繡線，
   進行4段各6針的釦眼繡。
5. 於a處拉出繡線，
   並由a往b的方向進行1列釦眼繡。

輪廓的回針繡

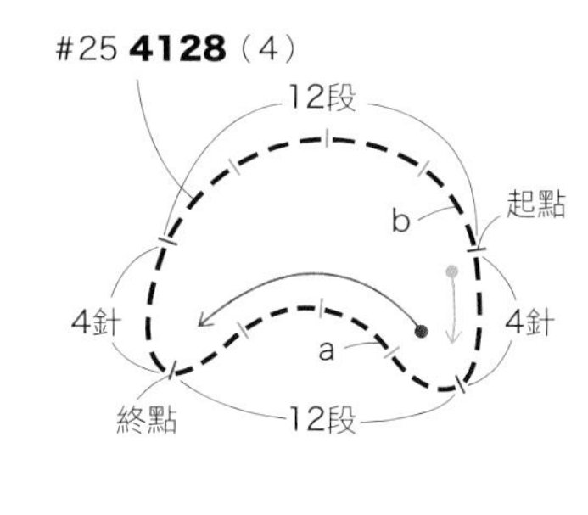

原寸刺繡圖案

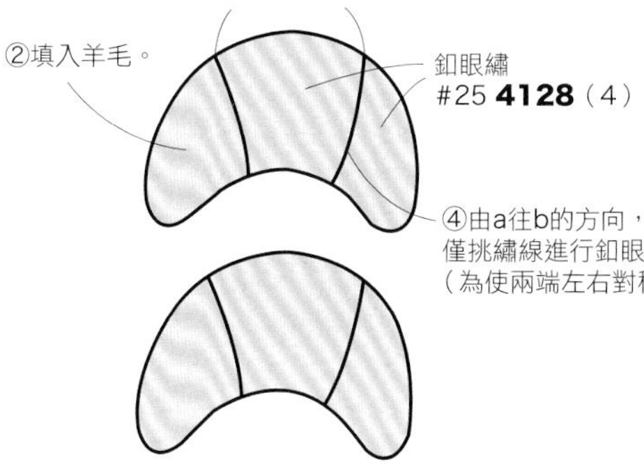

P.16 *d* 丹麥酥麵包

1. 以回針繡製作輪廓。
2. 起針12針。
   第1至2段，無加減針。
3. 填入不織布，以捲針縫縫合。
   另一側麵包也以相同方式製作。
4. 製作莓果：
   進行1圈6針的回針繡，製作輪廓。
   第1圈，無加減針。
   第2至3圈，重複繡1針、跳1針，以減少針數。
   內部填入1顆珠子作為芯襯，再以捲針縫縫合。
5. 於空隙處接縫丸小玻璃珠＆丸大玻璃珠。

輪廓的回針繡

12針
起點
2段
2段
終點
6針
紅色/#25 **326**（3）
紫色/#25 **154**（3）
#25 **437**（2）
+
#25 **4128**（2）

原寸刺繡圖案

釦眼繡
#25 **437**（2）＋#25 **4128**（2）
填入不織布。
釦眼繡
#25 **154**（3）
釦眼繡
#25 **326**（3）
珠子
於空隙處接縫珠子。

P.16 *a* 卡帕尼

1. 進行1圈25針的回針繡，製作輪廓。
2. 第1至5圈，無加減針。
3. 填入羊毛。
4. 第6至9圈，重複繡2針、跳1針，以減少針數。
   最後以捲針縫縫合。
5. 以輪廓繡繡上麵粉的線條。

輪廓的回針繡

#25 **437**（3）＋#25 **4128**（1）
25目

原寸刺繡圖案

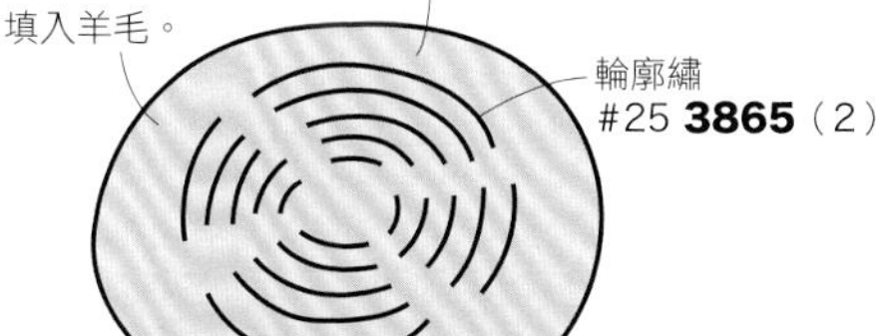

P.17 早餐

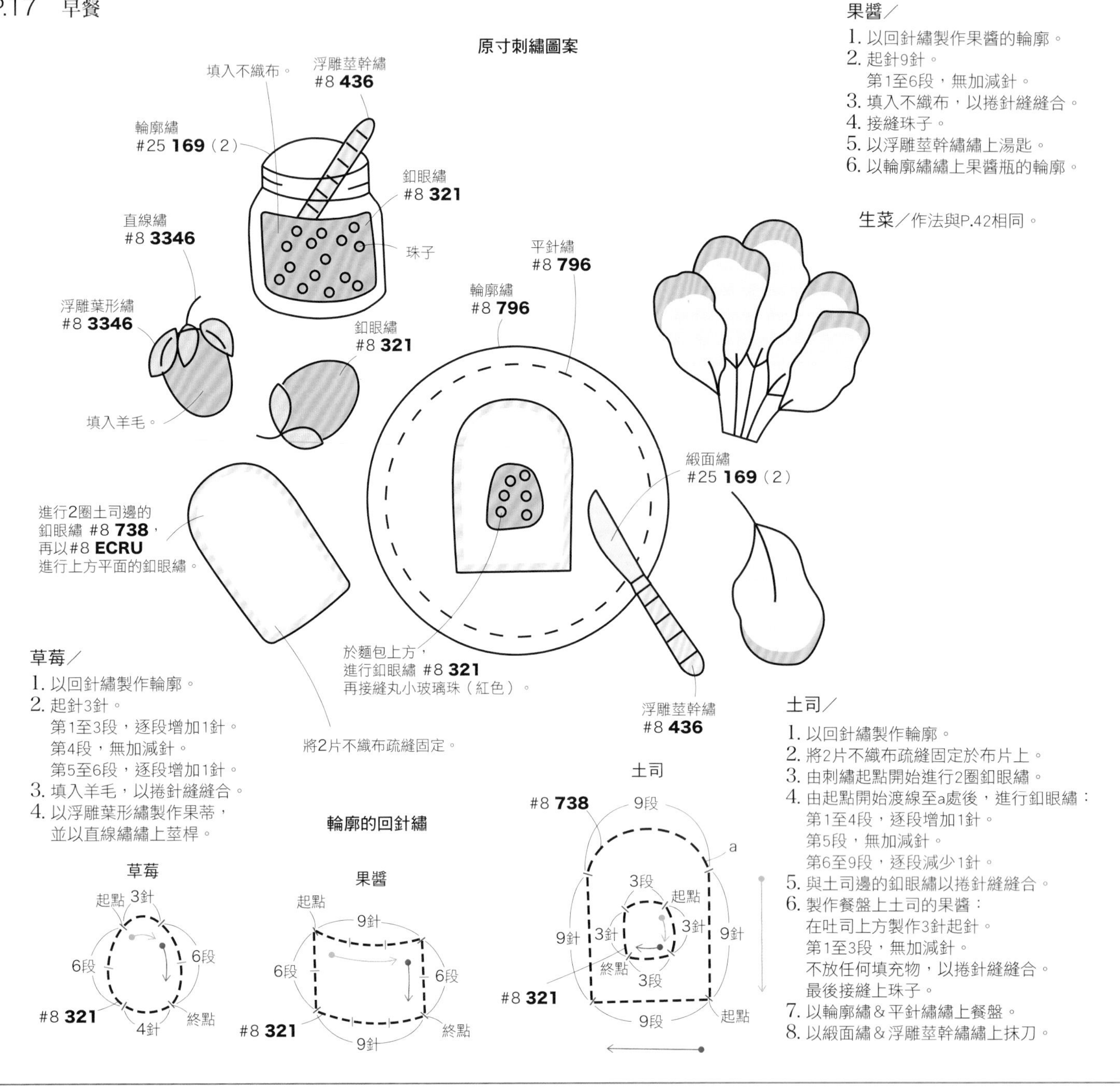

果醬／

1. 以回針繡製作果醬的輪廓。
2. 起針9針。
   第1至6段，無加減針。
3. 填入不織布，以捲針縫縫合。
4. 接縫珠子。
5. 以浮雕莖幹繡繡上湯匙。
6. 以輪廓繡繡上果醬瓶的輪廓。

生菜／作法與P.42相同。

草莓／

1. 以回針繡製作輪廓。
2. 起針3針。
   第1至3段，逐段增加1針。
   第4段，無加減針。
   第5至6段，逐段增加1針。
3. 填入羊毛，以捲針縫縫合。
4. 以浮雕葉形繡製作果蒂，
   並以直線繡繡上莖桿。

土司／

1. 以回針繡製作輪廓。
2. 將2片不織布疏縫固定於布片上。
3. 由刺繡起點開始進行2圈釦眼繡。
4. 由起點開始渡線至a處後，進行釦眼繡：
   第1至4段，逐段增加1針。
   第5段，無加減針。
   第6至9段，逐段減少1針。
5. 與土司邊的釦眼繡以捲針縫縫合。
6. 製作餐盤上土司的果醬：
   在吐司上方製作3針起針。
   第1至3段，無加減針。
   不放任何填充物，以捲針縫縫合。
   最後接縫上珠子。
7. 以輪廓繡＆平針繡繡上餐盤。
8. 以緞面繡＆浮雕莖幹繡繡上抹刀。

P.16 *e* 果醬

輪廓的回針繡＆原寸刺繡圖案

1. 以輪廓繡繡上果醬瓶的輪廓。
2. 以釦眼繡繡上瓶蓋。
3. 以回針繡製作草莓＆藍莓的輪廓。
4. 1圈8針。
   第1至2圈，無加減針。
   第3至4圈，重複繡1針、跳1針，以減少針數。
   完成後，填入不織布，以捲針縫縫合。
5. 橘子進行渡線之後，僅挑繡線進行5至6針的釦眼繡。
6. 在各瓶子中接縫珠子。

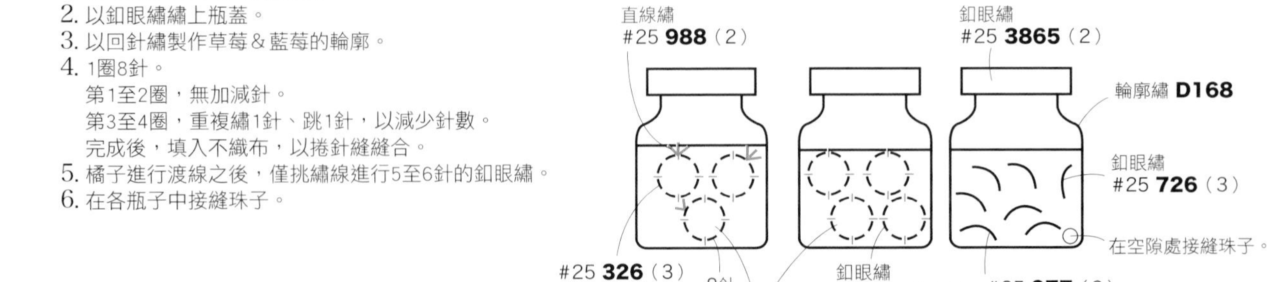

P.18 *b* 熱水瓶

1. 以回針繡製作輪廓。
2. 製作本體：
   起針10針。
   第1至3段，無加減針。
   第4段，減少1針。
   第5至7段，無加減針。
   第8段，減少1針。
   第9至11段，無加減針。
   第12段，減少1針。
   第13段，無加減針。
3. 填入不織布，以捲針縫縫合。
4. 製作瓶蓋：
   起針3針。
   第1至4段，逐段增加1針。
5. 填入羊毛，以捲針縫縫合。
6. 以浮雕莖幹繡繡上出水口。
7. 以繞線鎖鏈繡繡上提把。
8. 於瓶蓋上方接縫木珠。

輪廓的回針繡

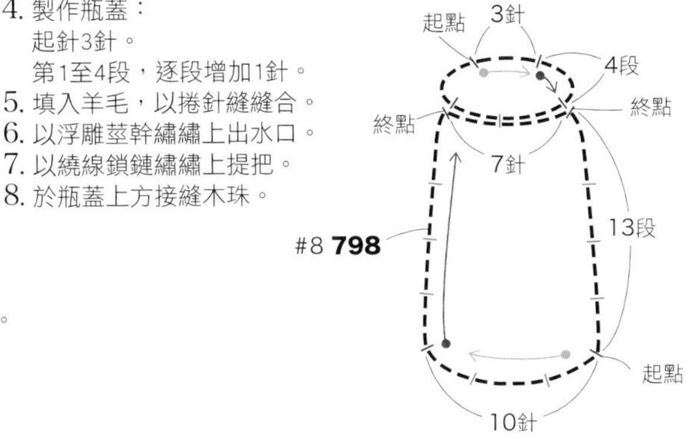

原寸刺繡圖案

P.18 *c* 平底壺

1. 以回針繡製作輪廓。
2. 製作本體：
   起針7針。
   第1至5段，逐段增加1針。
   第6至8段，無加減針。
   第9段，減少1針。
3. 填入不織布後，在其下方再填入羊毛，
   以捲針縫縫合。
4. 製作壺蓋：
   起針3針。
   第1至4段，逐段增加1針。
5. 填入不織布，以捲針縫縫合。
6. 以浮雕莖幹繡繡上出水口。
7. 以釦眼繡繡上提把。
8. 以直線繡繡上壺鈕。

輪廓的回針繡

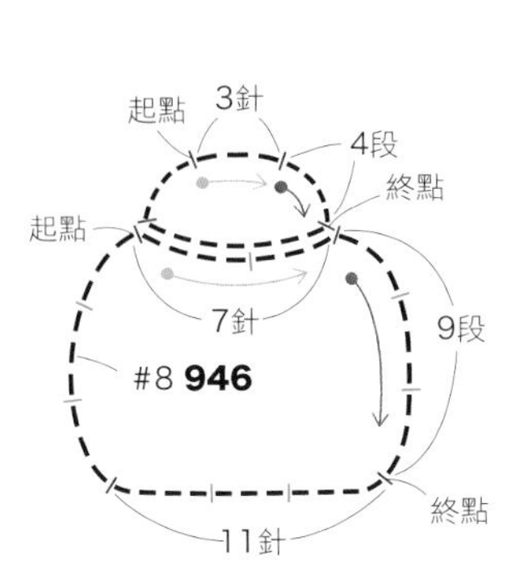

原寸刺繡圖案

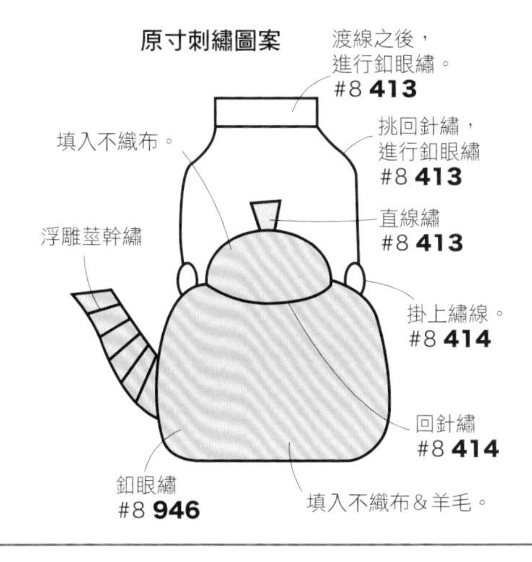

P.18 *f* 砂鍋

1. 以回針繡製作輪廓。
2. 製作本體：
   起針10針。
   第1段，增加1針。
   第2段，無加減針。
   第3段，增加1針。
   第4段，無加減針。
   第5段，增加1針。
   第6段，無加減針。
3. 填入不織布，以捲針縫縫合。
4. 製作鍋蓋：
   起針7針。
   第1至6段，逐段增加1針。
5. 填入不織布後，在其下方
   再填入羊毛，以捲針縫縫合。
6. 提把進行渡線之後，
   僅挑繡線進行釦眼繡。
7. 以直線繡繡上提紐。

輪廓的回針繡　**原寸刺繡圖案**

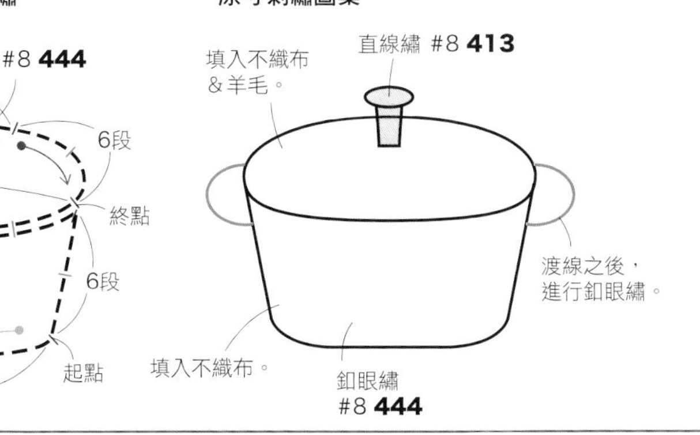

P.18 *d* 砂鍋

1. 以回針繡製作輪廓。
2. 製作本體：
   起針15針。
   第1至4段，無加減針。
3. 填入不織布，以捲針縫縫合。
4. 製作鍋蓋：
   起針10針。
   第1至5段，逐段增加1針。
5. 填入不織布後，在其下方再填入羊毛，以捲針縫縫合。
6. 提把進行渡線，僅挑繡線進行釦眼繡。
7. 以直線繡繡上提紐。

輪廓的回針繡

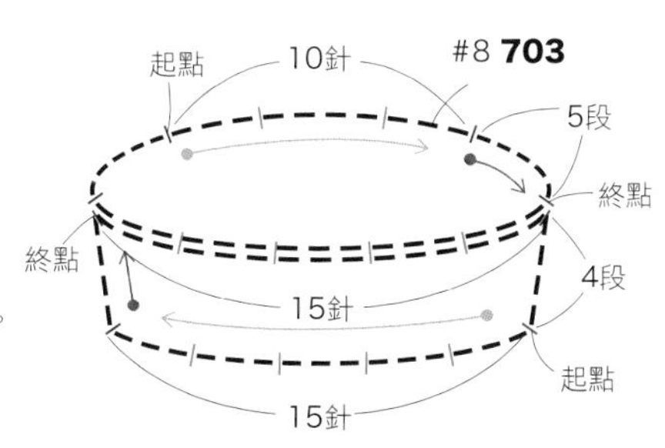

原寸刺繡圖案

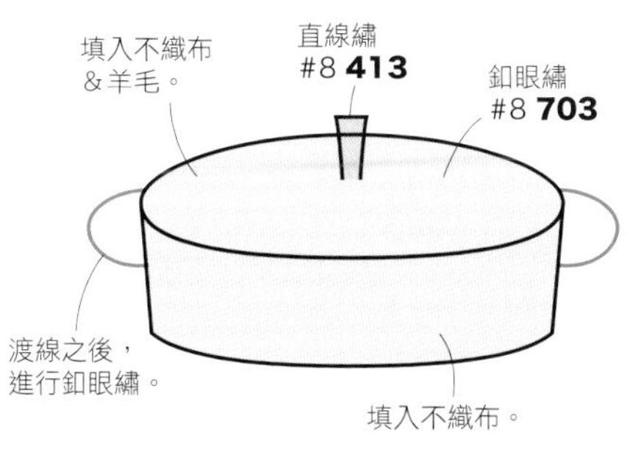

P.18 *e* 廚房料理秤

1. 以回針繡製作輪廓。
2. 起針7針。
   從①起點開始，第1至2段，逐段增加1針。
   第3段，無加減針。
   將指針盤的右側繡至第7段：
   第4至6段，無加減針，刺繡2針。
   第7段，增加1針，刺繡3針。
   於①終點，進行繡線收尾處理。
3. 進行指針盤左側部分的刺繡：
   於②接線，將指針盤的上方進行捲針縫後，
   渡線至②起點，刺繡至第7段。
   第4至6段，刺繡2針。
   第7段，增加1針，刺繡3針。
4. 於③接線至③起點之間進行渡線。
   第8段，刺繡10針。
   第9段，增加1針。
   第10段，無加減針。
5. 由底部填入羊毛，以捲針縫縫合。
6. 將指針盤的指針＆輪廓進行刺繡。
7. 以浮雕莖幹繡繡上秤盤。
8. 將計量杯進行刺繡。

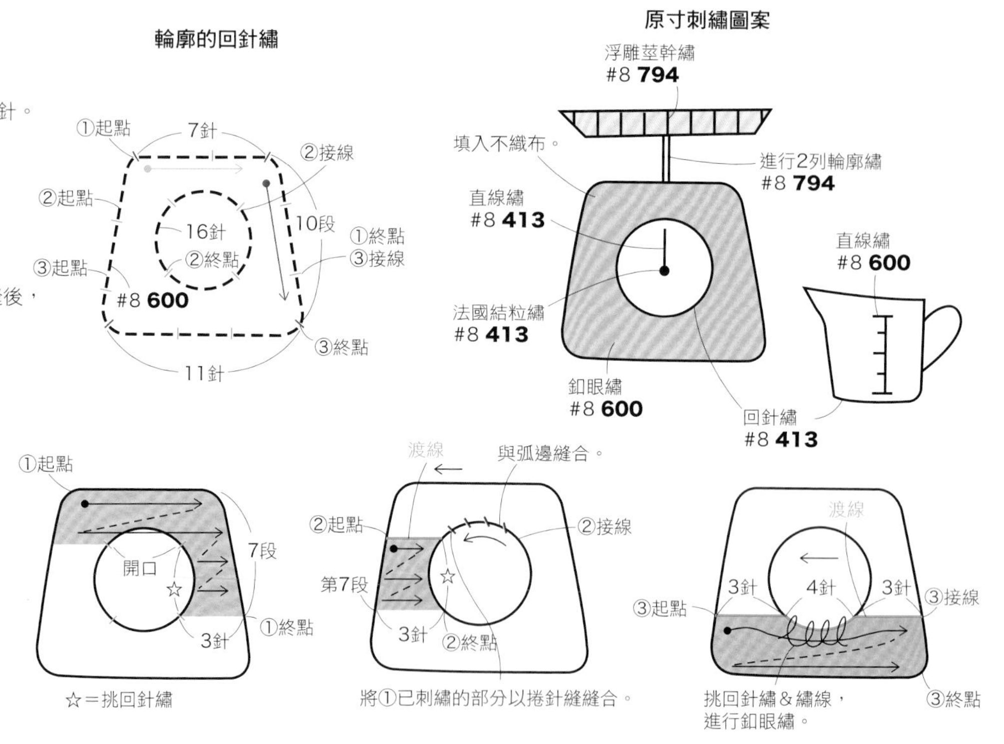

P.18 *i* 手持式攪拌機

1. 以回針繡製作輪廓。
2. 起針6針。
   從①起點開始，第1段，增加1針。
   第2至4段（a至a'），刺繡2針，無加減針。
   於①終點，進行繡線收尾處理。
3. 於a處拉出新繡線，再捲針縫至b' 處返回。
   於b至b' 之間進行渡線。
   從②起點重新開始，第1段，增加1針，刺繡3針。
   第2段，無加減針。
   第3段，增加1針，刺繡4針。
   第4段，無加減針。
   於②終點，進行繡線收尾處理。
4. 從③接線起，渡線至③起點。
   第5段先繡4針，c至c' 挑回針繡進行釦眼繡，
   第5至9段，無加減針。
5. 提把填入羊毛。本體填入不織布後，
   在其下方再填入羊毛，以捲針縫縫合。
6. 以回針繡繡上攪拌棒＆電線。
7. 以緞面繡繡上插頭。

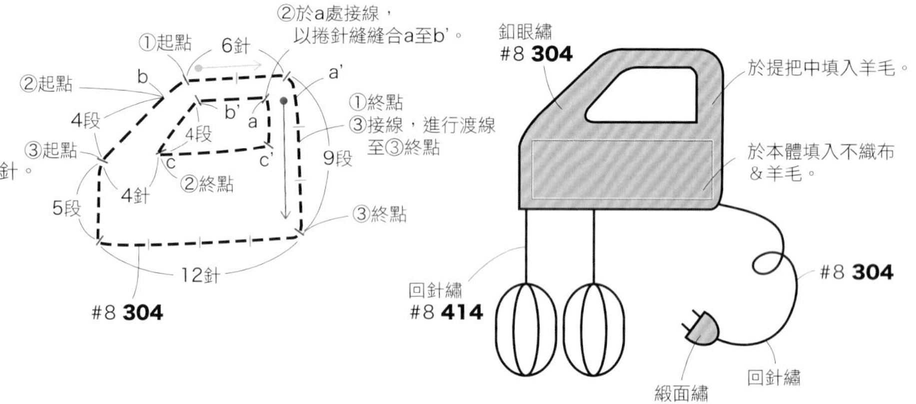

P.18 *a* 隔熱手套

1. 以回針繡製作輪廓。
2. 起針10針。
   每1段更換色線進行刺繡（•記號為**3865**）：
   第1至5段，逐段增加1針。
   第6至9段，逐段減少1針。
3. 以捲針縫縫合左側2針。
4. 第10段，6針。
   第11段，無加減針。
   第12至15段，逐段減少1針。
5. 填入羊毛，以捲針縫縫合（★的2處）。
6. 接縫花樣蕾絲。
7. 以直線繡繡上葉子。
8. 以釦眼繡在隔熱手套的袋口處進行刺繡，
   並製作線環。

9段
#8 742
6段
起點
★ 2針
3針
終點
6針
10針
2針
9段

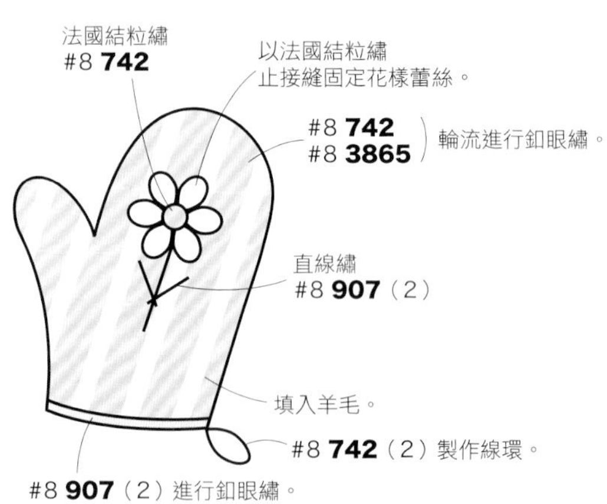

P.18 *g* 研磨缽＆研磨杵

1. 以回針繡製作輪廓。
2. 製作研磨缽：
   起針14針。
   第1至8段，逐段減少1針。
3. 填入不織布，以捲針縫縫合。
4. 以直線繡繡上紋路，並以緞面繡繡上底部。
5. 製作研磨杵：
   起針3針。
   第1至12段，無加減針。
6. 填入羊毛，以捲針縫縫合。
7. 接縫珠子。

輪廓的回針繡

起點 終點 14針 8段 3針 #8 **355** 終點 6針 #8 **105** 12段 3針 起點

原寸刺繡圖案

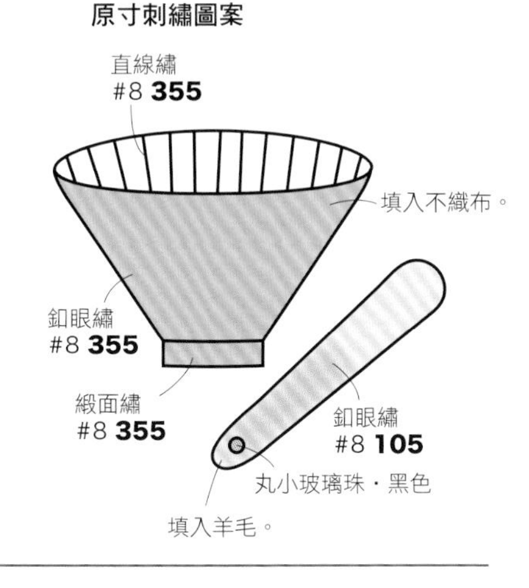

P.18 *h* 單柄牛奶鍋

1. 以回針繡製作輪廓。
2. 製作本體：
   起針10針。
   第1至5段，無加減針。
   第6段，增加1針。
3. 填入不織布，以捲針縫縫合。
4. 製作提把（白色）：
   起針3針。
   第1至2段，無加減針。
   不放入任何填充物，以捲針縫縫合。
5. 製作提把（茶色）：
   起針4針。
   第1至2段，無加減針。
   填入羊毛，以捲針縫縫合。

輪廓的回針繡

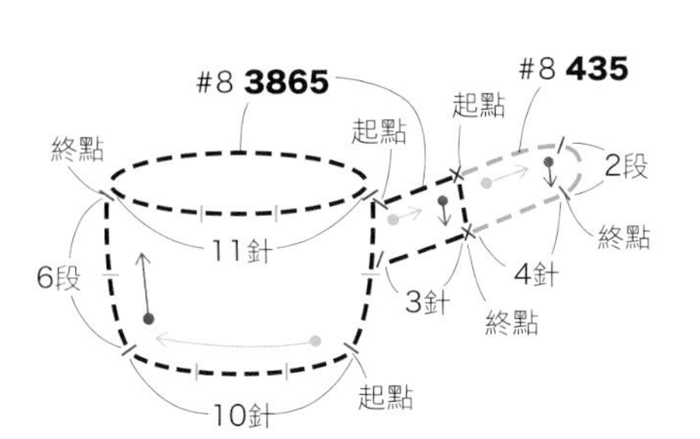

原寸刺繡圖案

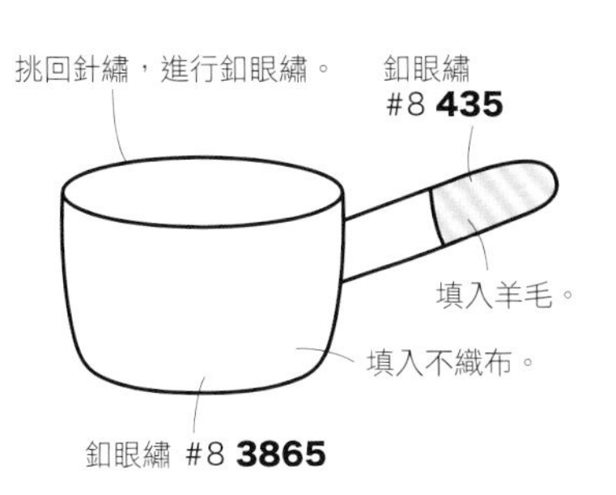

P.22 *e* 手提袋

1. 依標示更換色線，以回針繡製作輪廓。
2. 起針16針。
   第1至6段，逐段減少1針（綠色）。
   更換色線後，
   第7至9段，逐段減少1針（黃綠色）。
   第10段，於第9段無加減針再刺繡1段。
3. 填入重疊的大小不織布，以捲針縫縫合。
4. 接縫黃色珠子，並於周圍縫上
   7顆白色珠子，製作花朵。
5. 以鎖鏈繡繡上提把，並捲繞繡線。

輪廓的回針繡

起點 16針 #8 **702** 9段 9段 #8 **704** 7針 終點

紙型

不織布 大
不織布 小

原寸刺繡圖案

#8 **973**
於2列鎖鏈繡上，
捲繞繡線。
縫上5朵珠子
的花朵。
釦眼繡
#8 **702**
填入重疊的
大・小不織布。
釦眼繡
#8 **704**

P.22 *h* 手提袋

1. 依標示更換色線，
   以回針繡製作輪廓。
2. 製作左側的灰色：
   起針6針，並將提環接縫固定。
   第1段，無加減針。
   第2段，減少1針。
   第3段，無加減針。
   第4段，減少1針。
   第5段，無加減針。
   第6段，減少1針。
   第7段，無加減針。
   第8段，減少1針。
   第9段，無加減針。
   第9段，減少1針。
3. 填入羊毛，以捲針縫縫合1針。
4. 製作右側的粉紅色：
   起針16針，
   並將提環接縫固定。
   第1至10段，逐段減少1針。
5. 填入不織布後，
   在其下方再填入羊毛，
   將2針釦眼繡與3針回針繡，
   以捲針縫縫合。
6. 接縫飾物。

輪廓的回針繡

①起點 #8 **414** 6針 10段 10段 10段 16針 #8 **601** 1針 ②終點 ①終點 ②起點 10段 3針

原寸刺繡圖案

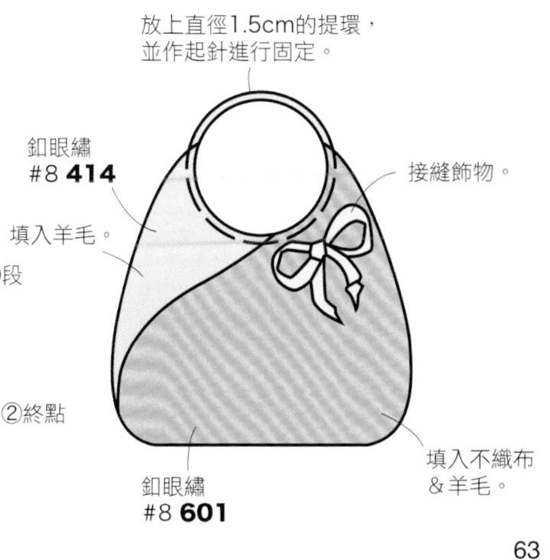

P.22 *f* 手提袋

於已繡好的手提袋刺繡織面上渡線，挑渡線進行刺繡，
即可作出懸浮狀態的飾帶。

輪廓的回針繡

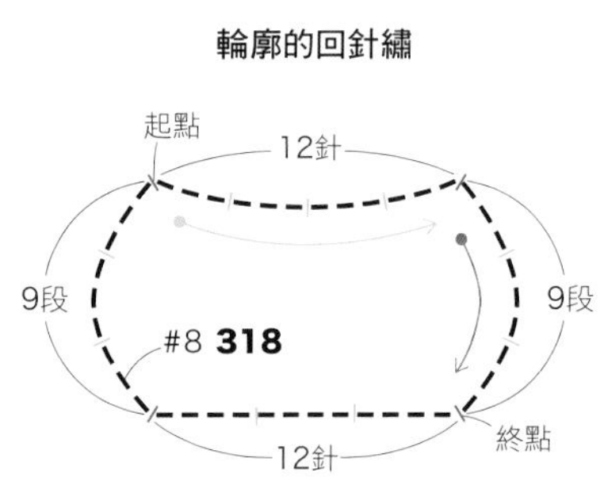

原寸刺繡圖案

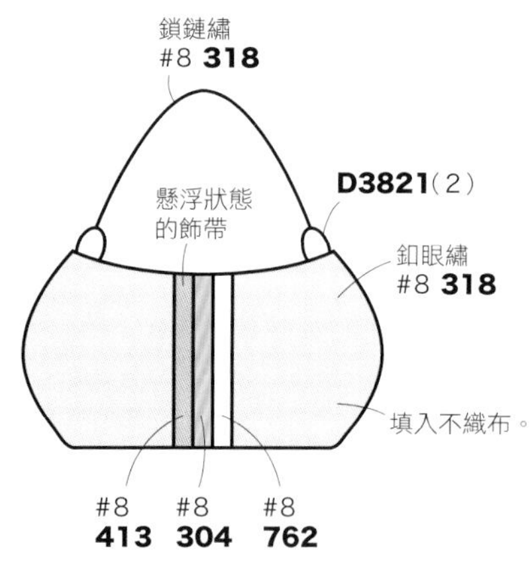

回針繡的繡法

1. 以回針繡製作輪廓。
2. 起針12針。
   第1至5段，逐段增加1針。
   第6至9段，逐段減少1針。
   第10段，於第9段減少1針，
   再刺繡1段。
3. 填入不織布，以捲針縫縫合。
4. 以鎖鏈繡繡上提把。

1 完後手提袋的立體刺繡&提把的刺繡。

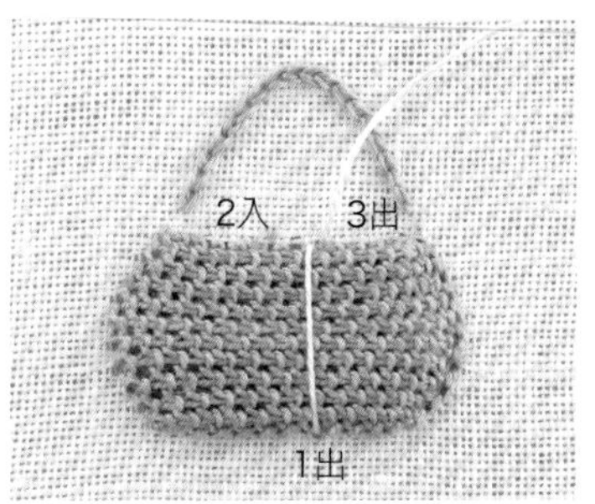

2 取1股8號繡線，由下往上出針，在上方挑布面1針，進行渡線。

3 將針穿過渡線下方，掛線之後，進行釦眼繡。

4 不留空隙地進行釦眼繡，製作懸浮狀態的飾帶。

5 依步驟2相同方式，換色進行渡線。

6 挑步驟4中飾帶的釦眼繡&渡線，依相同方式進行釦眼繡。

7 第3色也以相同方式渡線，進行釦眼繡。

完成！

8 最後，在布的背面拉出繡線，並於回針繡的線上繞線，進行繡線收尾處理。

P.22 *b* 手提袋

1. 以回針繡製作輪廓。
2. 起針11針。
   第1至7段，逐段增加1針。
3. 填入羊毛後，於回針繡的每一針目中入針2次，
   以捲針縫縫合。
4. 繡上口金：
   起針8針。
   第1段，增加1針。
5. 不放入任何填充物，以捲針縫縫合。
6. 接縫珠子。

※緞染繡線依25號繡線相同方式，
　從6股線中抽取1股線使用。

輪廓的回針繡

起點
8針
D168(1)
終點
1段
終點
9針
7段
#8 224
+
緞染繡線712(1)
7段
11針
起點

原寸刺繡圖案

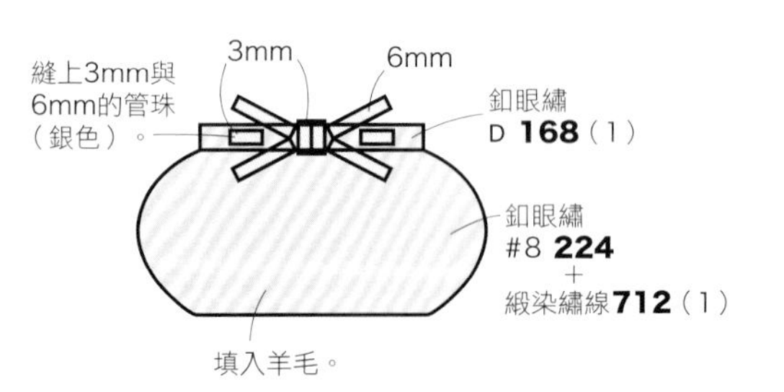

一邊製作線環，一邊逐段進行刺繡；完成後剪開線環，即可呈現毛茸茸質感般的刺繡。
此作品僅於提籃的袋口周圍，刺繡出毛茸茸般的緣飾。

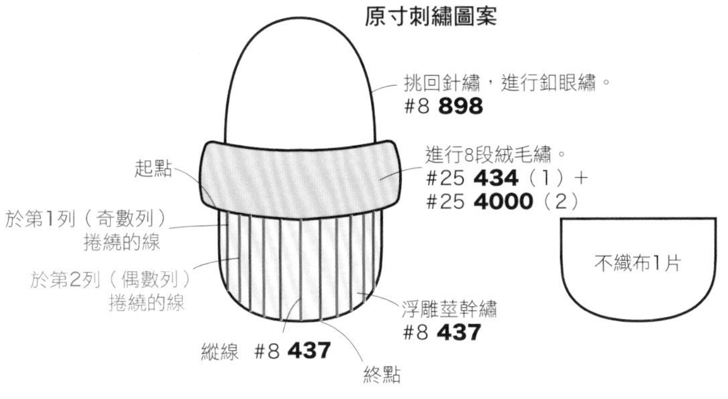

提籃袋身的繡法

1. 將不織布置於布片上，縱向渡11條線，進行固定。
2. 拉出新的繡線，每隔1條渡線，以浮雕莖幹繡往右側進行刺繡。僅稍微挑縫布面。
3. 第2列是於第1列近下方拉出繡線，像是與第1列交錯似地以浮雕莖幹繡進行刺繡（參照P.32）。
4. 重複步驟2・3，不留空隙地填滿全體進行刺繡（約13至14段）。

1 於袋身的邊緣入針，於左側半針的位置出針，並在正面預留一段線端。

2 往右進行1針，返回半針，繡線徹底往橫列拉出。

3 往右進行1針，返回半針，繡線往下垂，製作線環。

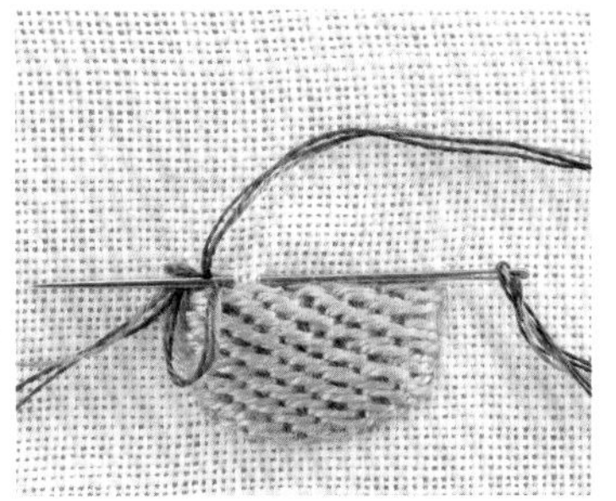

4 保留線環，往右進行1針，返回半針，繡線則確實橫向拉出。

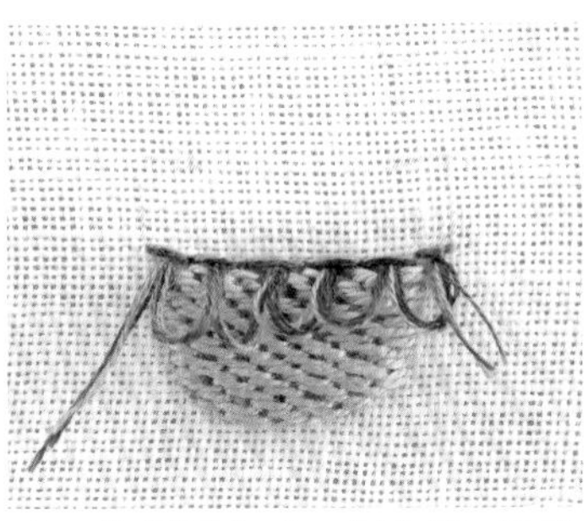

5 依相同方式，以作出5個線環為基準進行刺繡。最後，預留線端，剪線。

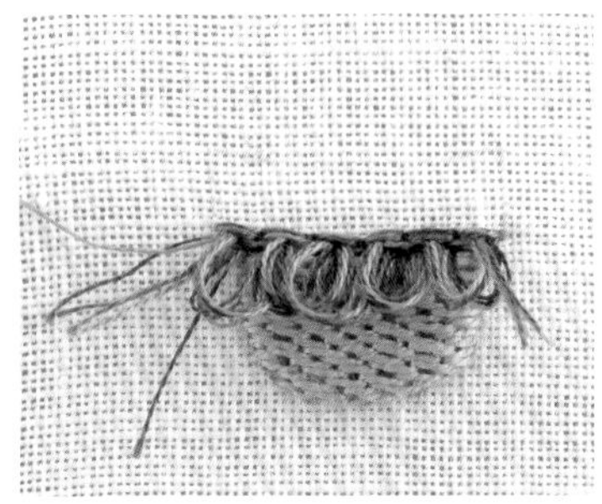

6 於第1列的近上方進行第2列的絨毛繡。線環的線應儘量作成相同的長度。

7 依相同方式繡上幾列，填滿圖案（此示範共繡8列），再進行提把刺繡。

8 將剪刀伸入線環處，剪開。

9 剪開全部線環的模樣。

10 將線逐一修剪成喜歡的長度，請注意避免剪到布片或其他繡線。

11 此示範修剪至3至4mm。以手指撫鬆繡線。

完成！

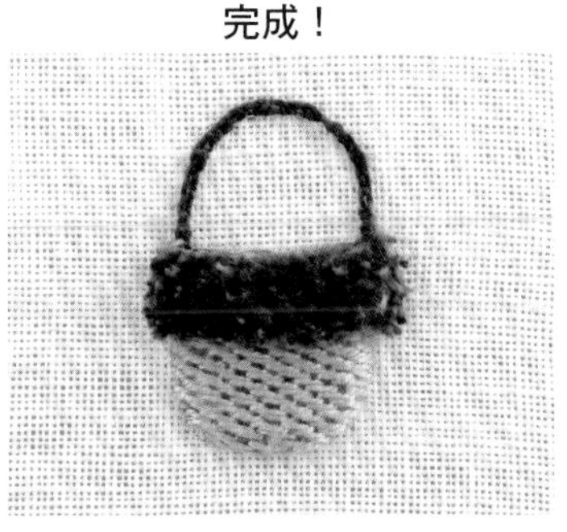

P.20 *b* 提籃

1. 以回針繡製作輪廓。
2. 起針8針。
   第1至12段，逐段增加1針。
   第13段，以捲針縫將邊緣進行鑲邊處理。
3. 以撚繩製作提把，接縫於提籃的內側
   （撚繩參照P.34）。
4. 由袋口填入羊毛，僅限袋底處。

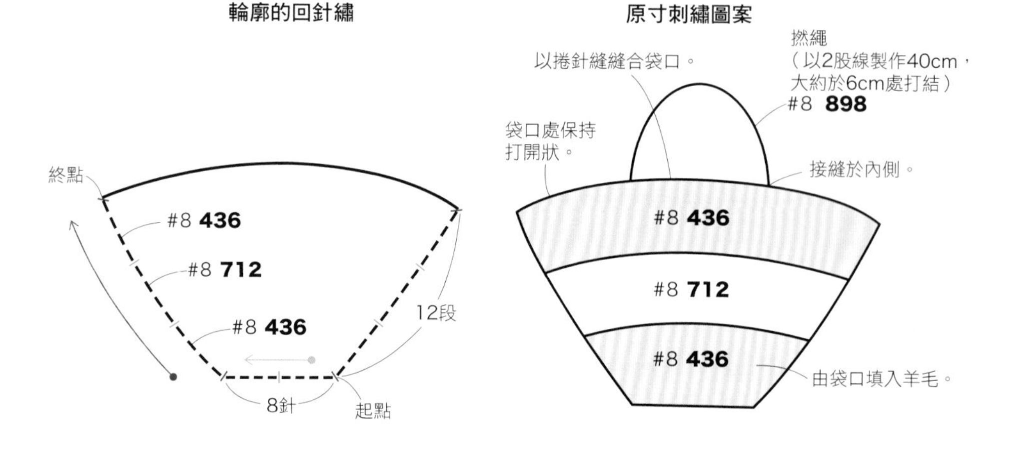

P.20 *c* 提籃

1. 以回針繡製作輪廓。
2. 以直線繡渡上縱線。
3. 由中心出針，交替於縱線中穿針鑽縫，
   製作提籃。
4. 以鎖鏈繡繡上袋口。
5. 以蛛網玫瑰繡繡上花朵A・B。
6. 以法國結粒繡繡上小花。
7. 以直線繡繡上花莖，以雛菊繡繡上葉子。

輪廓的回針繡

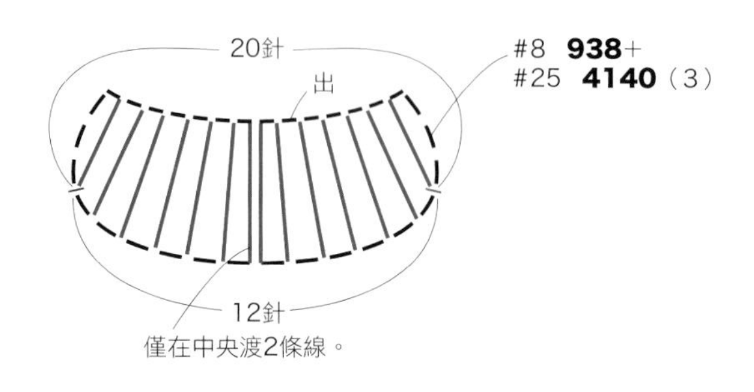

原寸刺繡圖案

Ⓐ #25 **4110**（3）蛛網玫瑰繡
Ⓑ #25 **4170**（3）蛛網玫瑰繡
○ #25 **4220**（3）法國結粒繡
○ #25 **3865**（2）法國結粒繡
#25 **4045**（2）雛菊繡
— #25 **4060**（1）直線繡
#8 **938**+#25 **4140**（3）鎖鏈繡

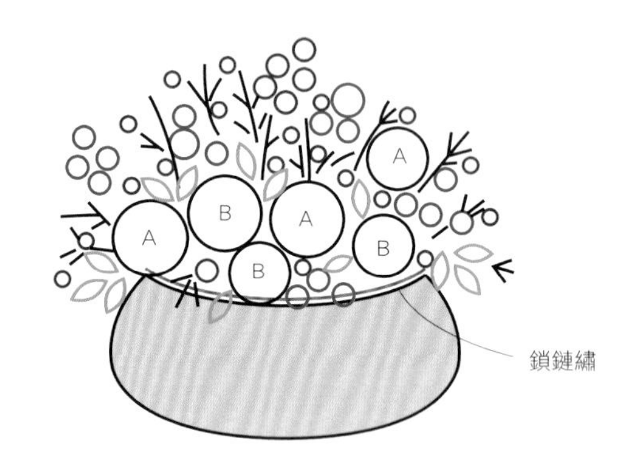

提籃的刺繡

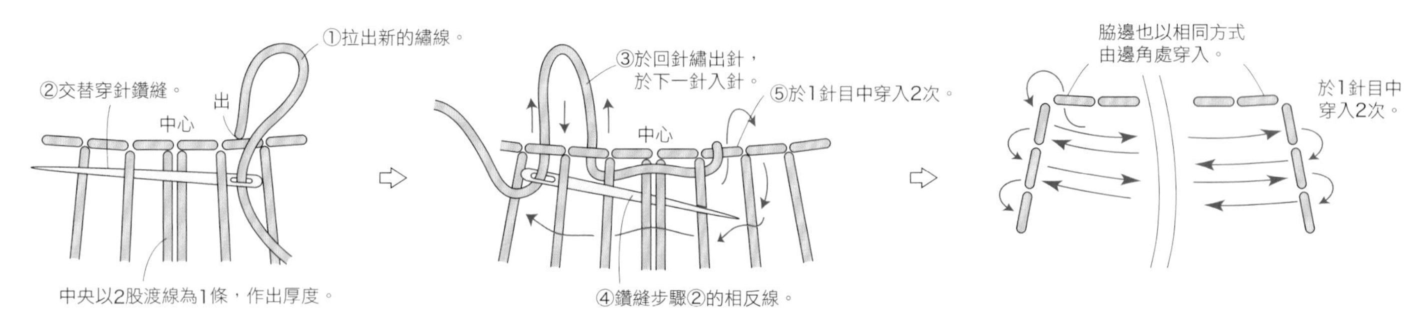

P.20 *g* 提籃

1. 以回針繡製作輪廓。
2. 起針8針。
   第1至8段，以錫蘭繡（Ceylon Stitch）無加減針進行刺繡。
3. 填入不織布，以捲針縫縫合。
4. 以鎖鏈繡繡上提把＆提籃的邊緣。

輪廓的回針繡

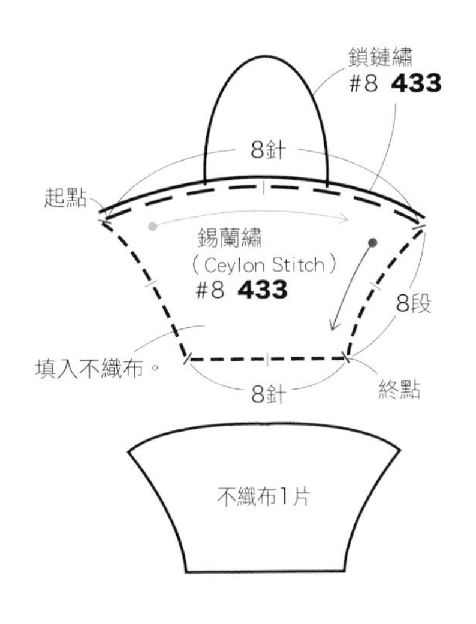

●錫蘭繡（Ceylon Stitch）的繡法

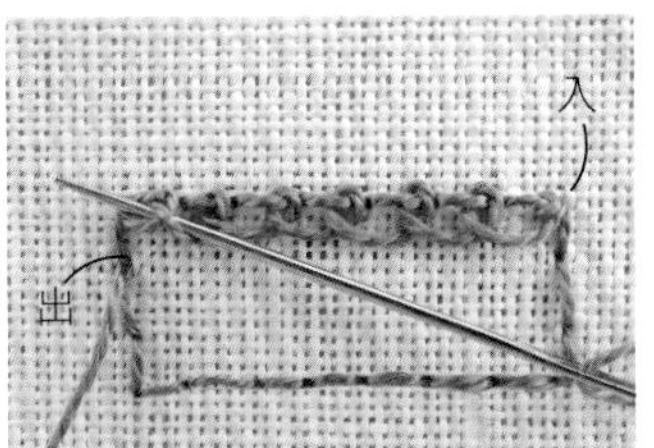

1 輪廓進行回針繡，並於上方進行釦眼繡，製作起針。再由邊角處入針，並於背面渡線，於第1段與第2段之間出針。橫向挑縫起針的交叉2條線。

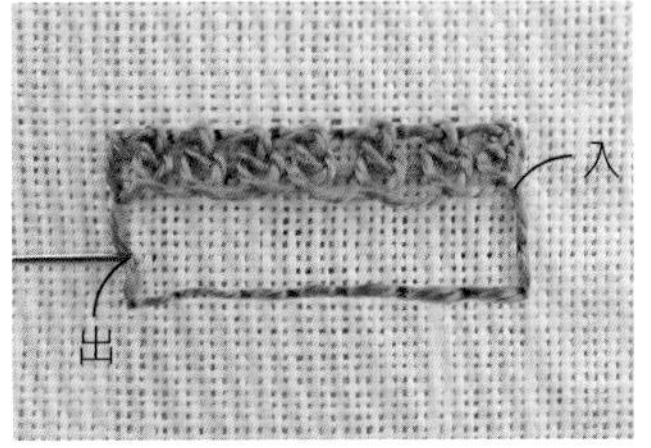

2 橫向挑縫交叉的2條線，完成第1列。入針，於另一側第2・3段之間出針。

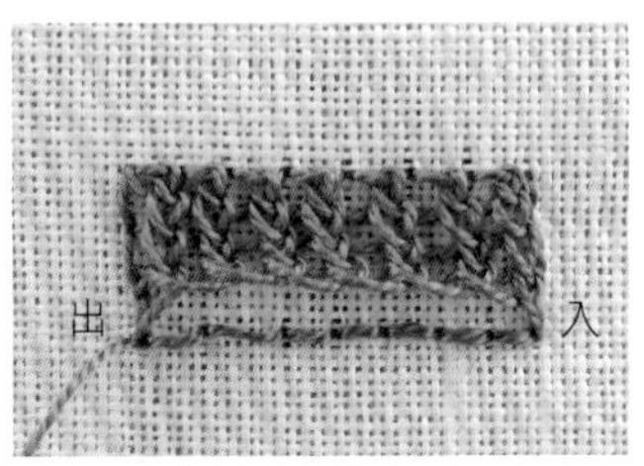

3 依相同方式挑縫交叉的線。完成後，於第3段的邊角處入針，從另一側的邊角處出針。

4 自下側逐一以捲針縫，由下往上挑回針繡。

5 再橫向挑縫交叉的2條線。

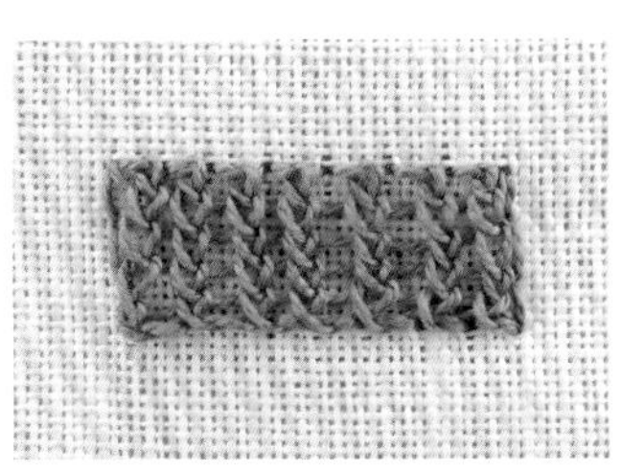

6 重複步驟*4*・*5*，以捲針縫縫合。最後往背面出針，並於回針繡上繞線，進行線端的收尾處理。

P.20 *f* 提籃

1. 以回針繡製作輪廓。
2. 起針11針。
   第1至5段，
   僅挑繡線，進行釦眼繡。
   兩側於縱向的回針繡上一邊穿針，一邊往復進行。
   逐段減少1針。
3. 捲針併縫6針。
4. 提把是取穿入木珠的線渡線之後，僅挑繡線，進行釦眼繡。
   避開木珠，將其餘線段部分進行刺繡。
5. 以直線繡繡上袋底。

輪廓的回針繡

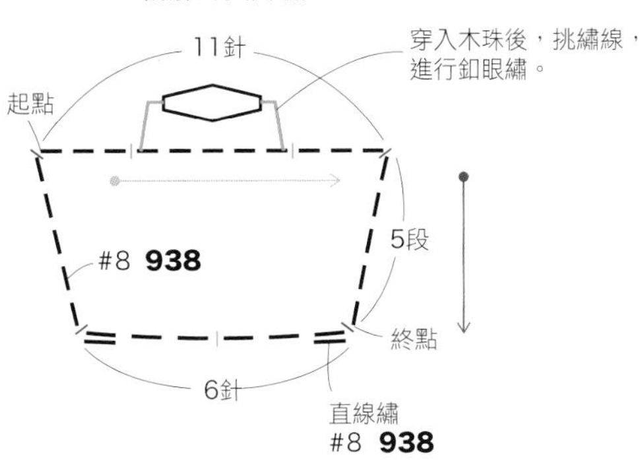

P.20 *e* 提籃

1. 以回針繡製作輪廓。
2. 將不織布疏縫固定。
3. 以直線繡繡上袋口。
4. 由起點處的回針繡出針，穿過直線繡針目，
   往底側入針。重複縫3次。
5. 於起點下方2針目的回針繡出針，鑽縫於步驟4繡線下方，
   穿過直線繡，再往底側入針。重複縫3次。
6. 依相同方式，鑽縫繡線，完成5列刺繡。
7. 以鎖鏈繡繡上提把。

原寸刺繡圖案

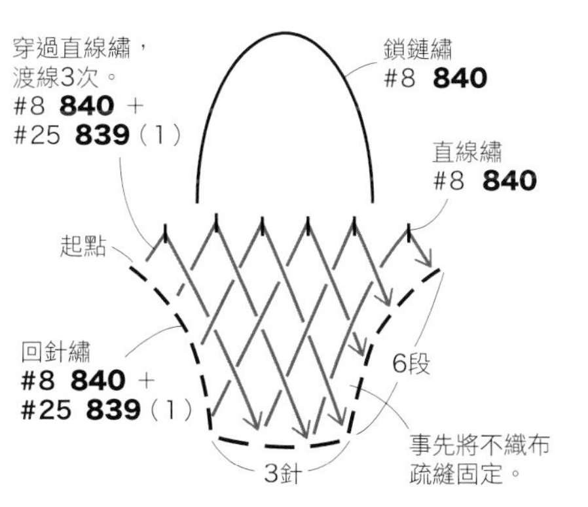

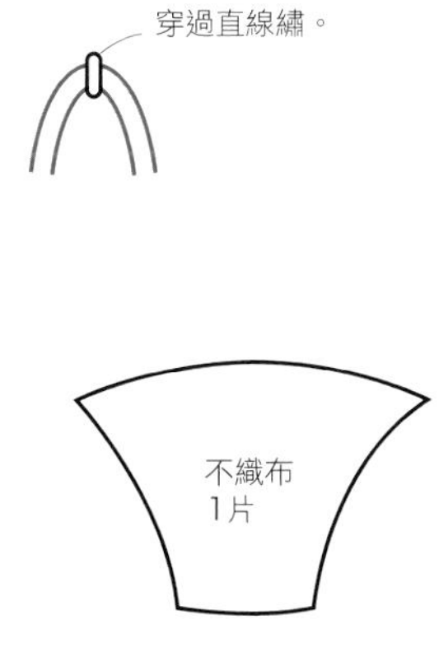

P.22 *i* 手提箱

1. 以回針繡製作輪廓。
2. 起針16針。
   第1至10段，無加減針。
3. 填入2片不織布，以捲針縫縫合。
4. 進行束帶刺繡（參照P.64）。
5. 以回針繡＆釦眼繡刺繡上方的拉桿。
6. 側邊的提把進行渡線之後，僅挑繡線，以釦眼繡進行刺繡。
7. 以緞面繡繡上輪子。

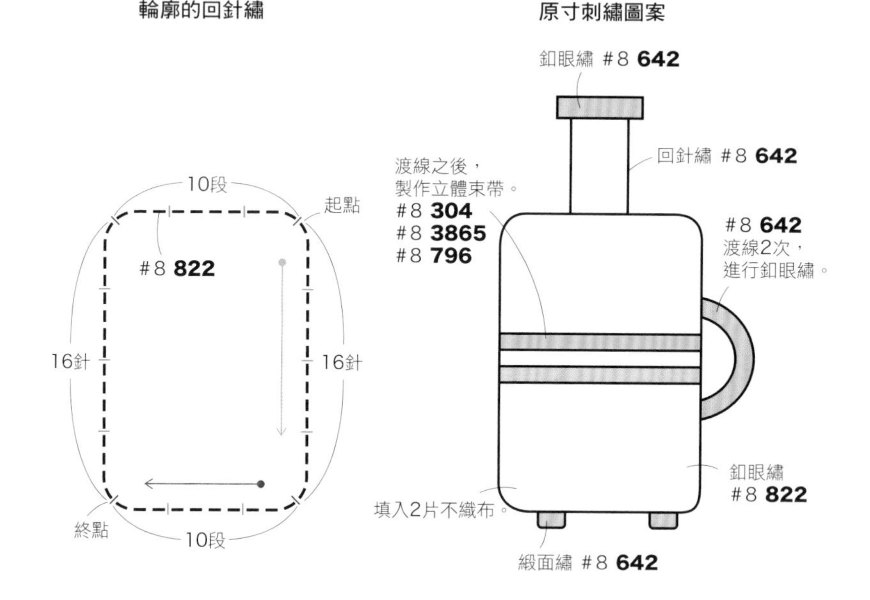

P.22 *a* 手提包

1. 以回針繡製作輪廓。
2. 起針10針。
   第1至5段，無加減針。
3. 填入2片不織布，以捲針縫縫合。
4. 製作蝴蝶結飾物：
   進行直針繡之後，將中央打結，並接縫飾物。
5. 以鎖鏈繡繡上提把。

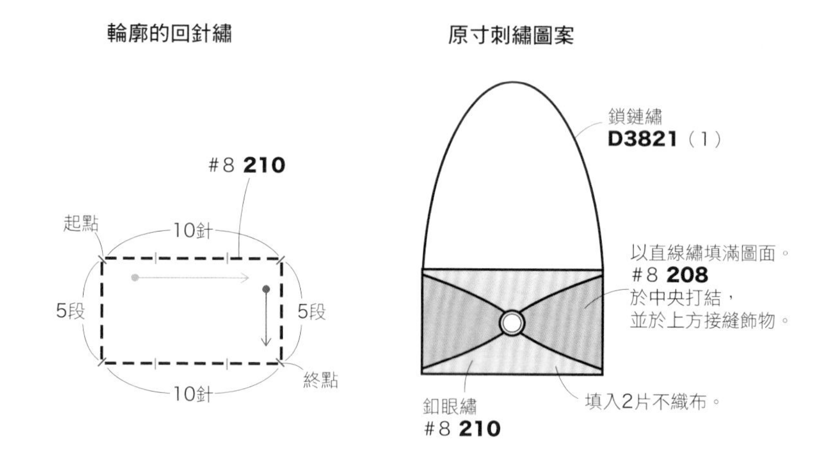

P.22 *d* 手提包

1. 將蠟繩疏縫固定。
2. 由蠟蠅的上方開始，以回針繡製作輪廓。
3. 起針6針。
   第1至6段，逐段增加1針。
   第7至12段，逐段減少1針。
   第13段，於第12段無加減針再刺繡1段。
4. 填入重疊的大小不織布，以捲針縫縫合。
5. 接縫珠子。

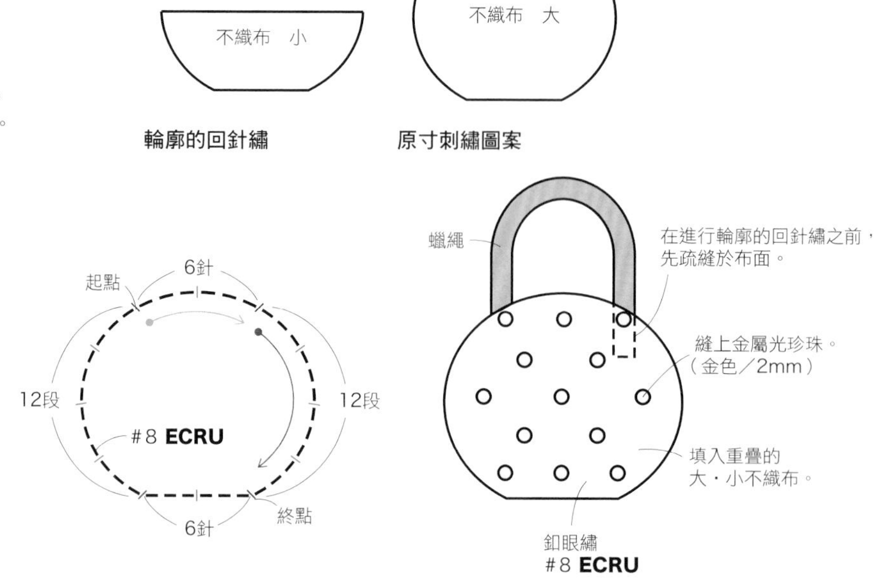

P.22 *g* 手提袋

1. 以回針繡製作輪廓。
2. 製作本體：
   起針12針。
   第1至6段，無加減針。
3. 填入2片不織布，以捲針縫縫合。
4. 製作袋蓋：
   起針10針。
   第1至3段，無加減針。
   第4至5段，逐段增加1針。
   往回4針，以捲針縫縫合。
   僅挑4針釦眼繡的線，進行3段無加減針刺繡。
   於剩餘的4針目處出針，以捲針縫縫合。
5. 提把渡線之後，僅挑繡線，進行釦眼繡。
6. 接縫珠子＆市售吊飾。

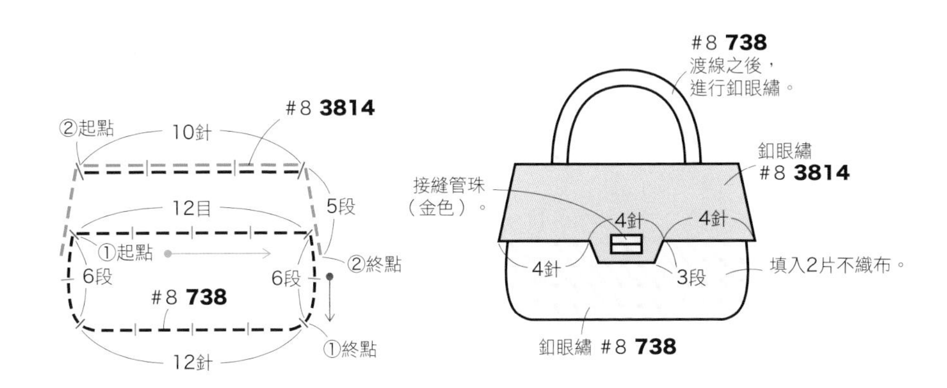

P.22 *c* 手提袋

1. 疊放2片不織布，疏縫固定。
2. 將繡線對齊後，以直線繡斜向進行刺繡。
3. 於對向的對角線，進行直線繡。
4. 以直線繡交錯鑽縫，
   進行6至7列刺繡（參照P.36）。
5. 接縫提把的蠟繩後，縫上珠子。

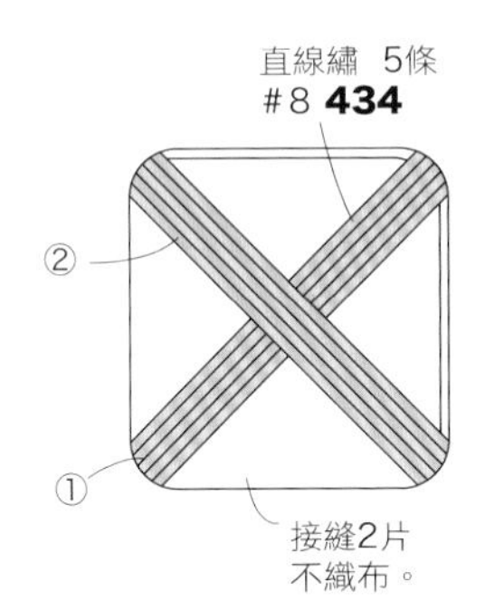

P.20 *a* 提籃

1. 重疊2片不織布。
2. 分別將籃蓋＆本體，縱向渡11條繡線，
   以固定不織布。
3. 於縱線交替鑽縫橫線：
   由左側開始鑽縫至右側，
   輕微挑觸布片，並於近下方出針。
   下一列改由右側開始，交替鑽縫，
   繼續繡至左側，挑觸布片，於近下方出針。
   重複此步驟，填滿全體圖面。
   （鑽縫方法參照P.66提籃繡法）
4. 以輪廓繡在本體＆籃蓋之間進行刺繡。
5. 以繞線鎖鏈繡製作提把。
6. 以鎖鏈繡繡上釦環。

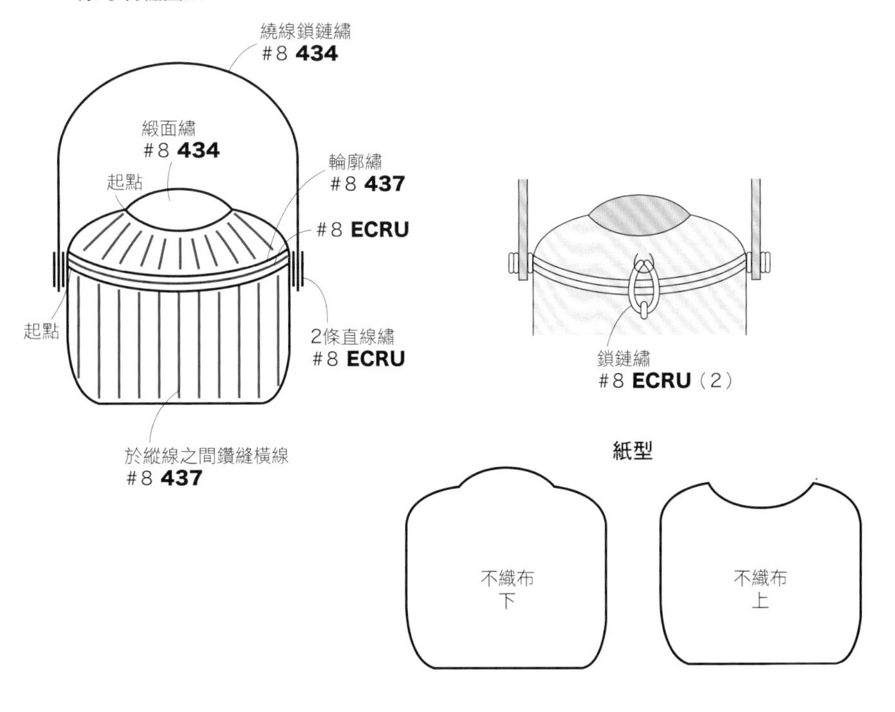

24 手提袋吊飾

於不織布之間填塞羊毛後，當作土台使用，再在兩面進行立體刺繡，即可作出全立體的手提袋。

輪廓的釦眼繡

釦眼繡
起點
8針
9段
#8 **224**
9段
摺雙

原寸紙型

不織布1片

寬5mm的線繩
接縫珠子。
於土台的不織布之間
填入羊毛。
釦眼繡 #8 **224**

材料

不織布（粉紅色）寬5cm 長6cm
8號繡線　**224**
線繩（5mm寬）7cm
金屬光珍珠（金色／2mm） 2顆
附龍蝦釦的吊繩　1個
羊毛適量

※為了更淺顯易懂，在此改以不同色線＆不織布進行示範解說。

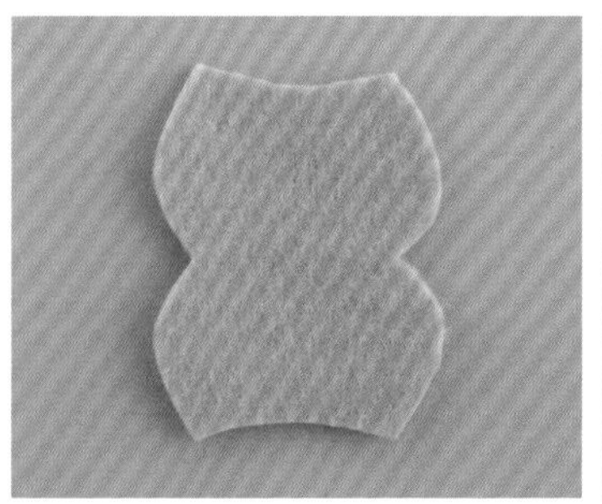

1　依紙型裁剪不織布。

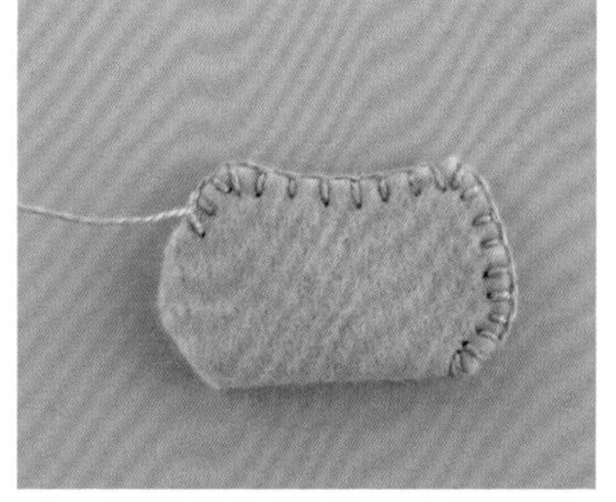

2　將不織布對摺，由邊端開始進行指定針數的釦眼繡，縫合至中途先暫停。

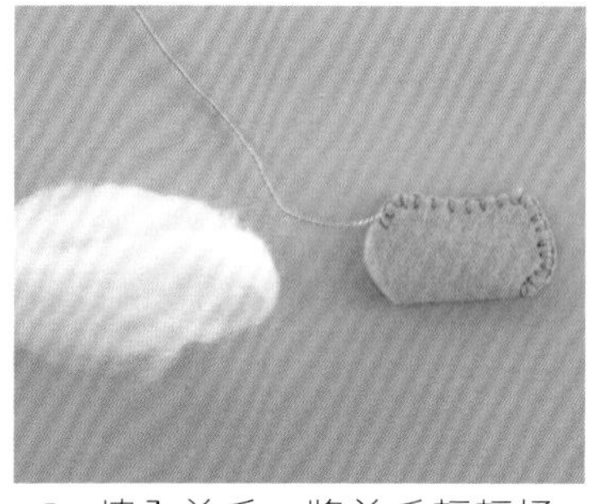

3　填入羊毛。將羊毛輕輕揉圓，由未縫合處填入。

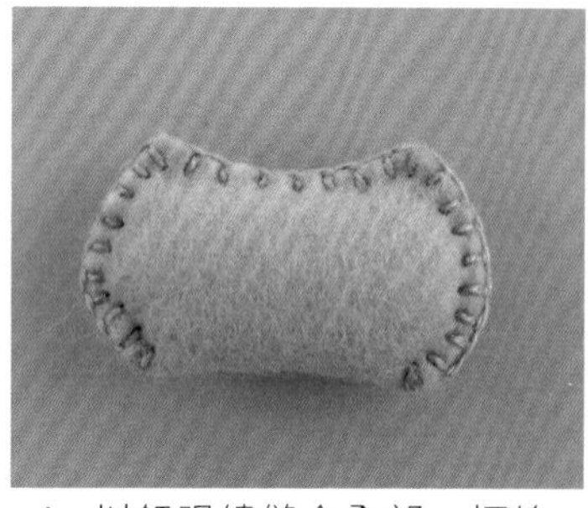

4　以釦眼繡縫合全部。打線結固定，將線結拉入內裡後穿出，剪線。

5　製作起針。準備約50cm長的繡線，於不織布之間入針後，從左上的起點位置出針。

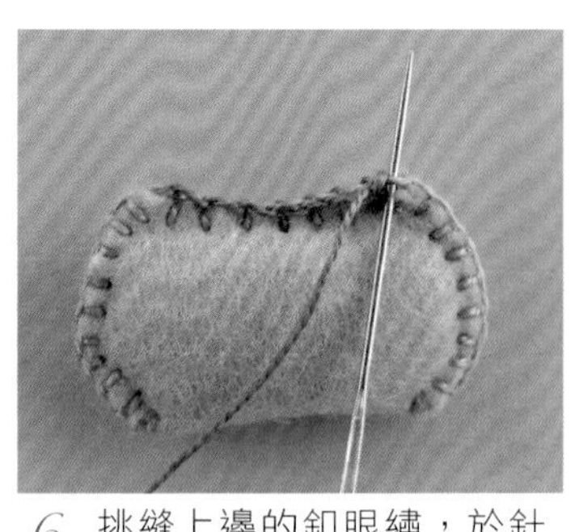

6　挑縫上邊的釦眼繡，於針上掛線後，拉線。

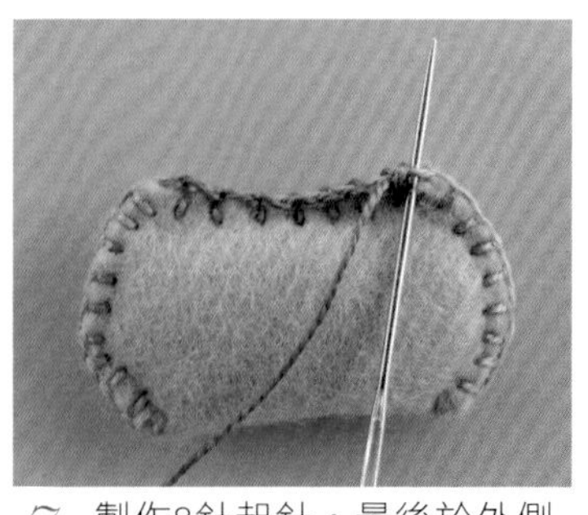

7　製作8針起針，最後於外側出針。

8　於第1段的釦眼繡入針。

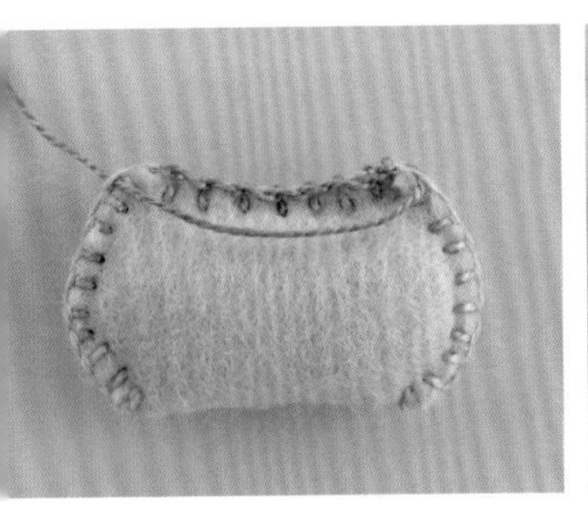

9 往另一側的第1段入針，渡線。

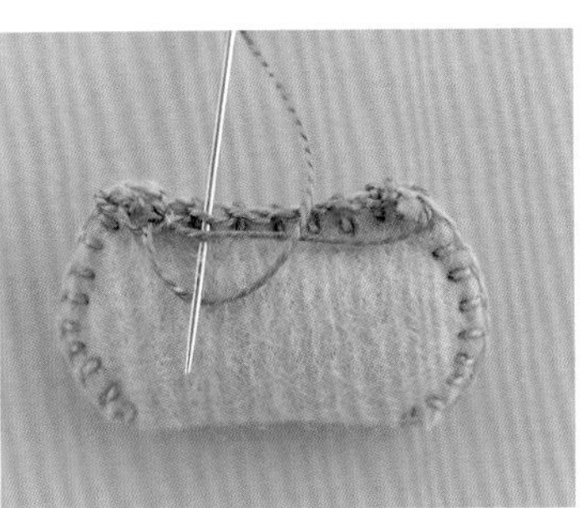

10 挑起針的釦眼繡＆渡線，進行釦眼繡。

11 當繡線變短時，可於右側進行繡線收尾處理。於不織布之間入針，並由不織布之間出針。

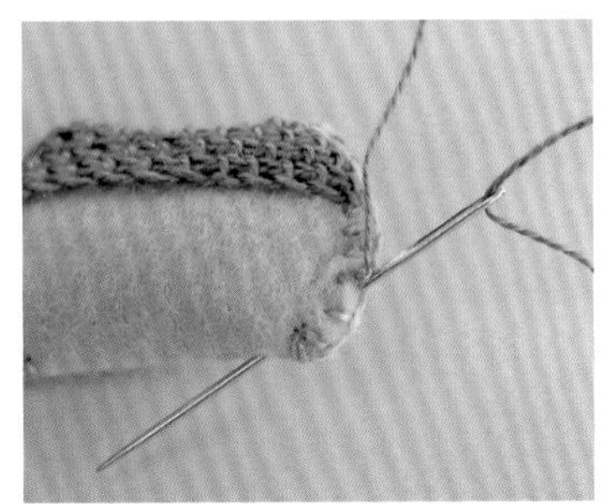

12 打線結固定，並於不織布之中入針後，再於底部出針。用力拉線，將止縫結藏入內部，剪線。

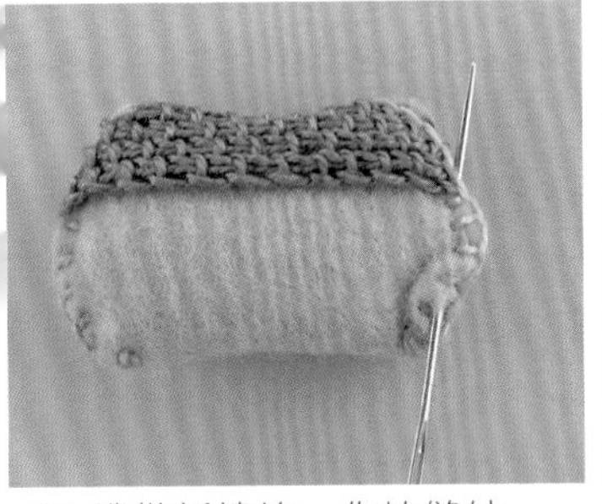

13 準備新繡線，作始縫結。由右側的不織布之間入針後，再於接續位置出針。

14 渡線之後，依相同方式刺繡9段。

15 刺繡至第9段。底部呈打開狀。

16 最後，於同一段（第9段）再次渡線，繡上第10段。打線結固定，剪線。

17 同樣也在背面進行刺繡。由左上出針，製作起針，再往外側拉出繡線。

18 於第1段渡線。

19 依相同方式，進行釦眼繡至10段。繡線暫不剪斷。

20 於底部挑表側的回針繡，一起進行捲針縫。

21 以捲針縫縫合底部，完成本體。

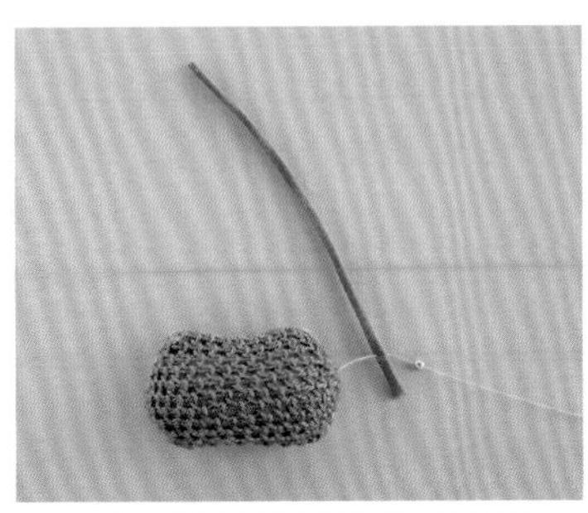

22 取2條車縫線等較牢固的線，穿過線繩＆珠子。

23 沿著不織布的弧度，注意不要縫到正面影響美觀，將線繩接縫於脇邊。

完成！

P.23 *21* 手提袋吊飾

材料
不織布（粉紅色）寬5cm 長6cm
8號繡線 **309**
金線 **D3821**
吊飾 1個
羊毛適量

1. 參照P.70，製作手提袋本體。
2. 製作提把：
   渡3條線（來回1.5次），
   僅挑繡線，進行釦眼繡。
   完成後，於連接處捲繞繡線。
3. 接縫飾物。

輪廓的釦眼繡

釦眼繡
起點
8針
9段
9段
#8 **309**
摺雙

完成！

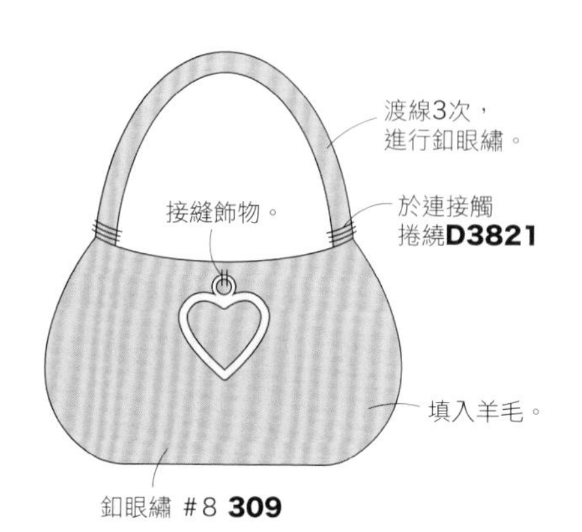

P.23 *22*・*23* 手提袋吊飾

材料（1件）
不織布（*22* 茶色 *23* 紫色）寬5cm 長 6cm
8號繡線 *22*（茶色）**840** *23*（紫色）**340**
提環（直徑1.5cm／銀色）1個
珠子（*22*）、飾物（*23*）適量
羊毛適量
附龍蝦釦的吊繩 1個

輪廓的釦眼繡

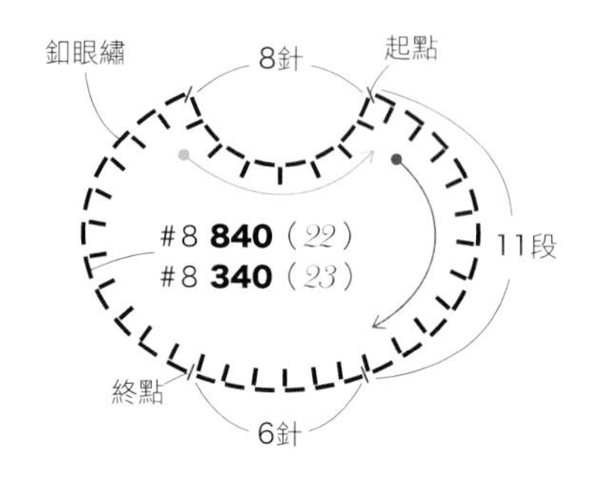

原寸紙型

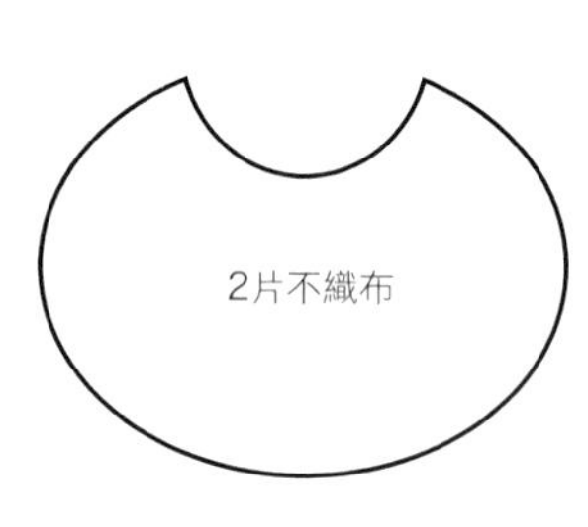

1. 將2片不織布重疊對齊，包夾提環。
   依針數，以釦眼繡縫合，並於中途填入羊毛。
2. 起針8針。
   第1至6段，逐段增加1針。
   第7至11段，逐段減少1針。
   第12段，於第11段無加減針再刺繡1段。
3. 背面側也以同樣方式進行刺繡。
4. 於底部，將正面、背面的線對齊，以捲針縫縫合。
   縫合不織布的釦眼繡不作挑針。
5. 接縫飾物：
   *22*是將珠子穿入線中，接縫於袋口處。

1.

包夾直徑1.5cm的提環。
①在整個提環上
進行釦眼繡。
2片不織布

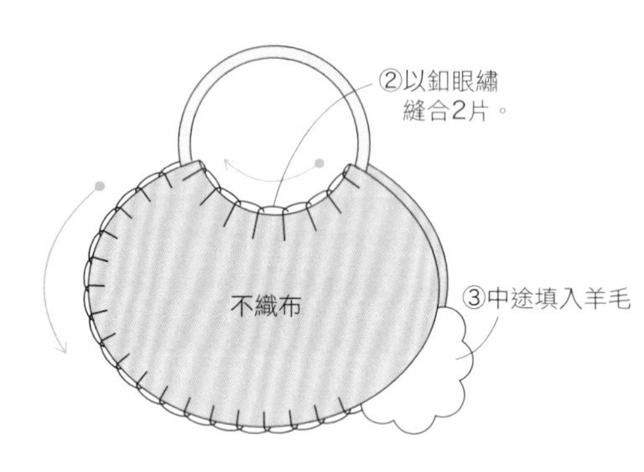

2. 至 4.

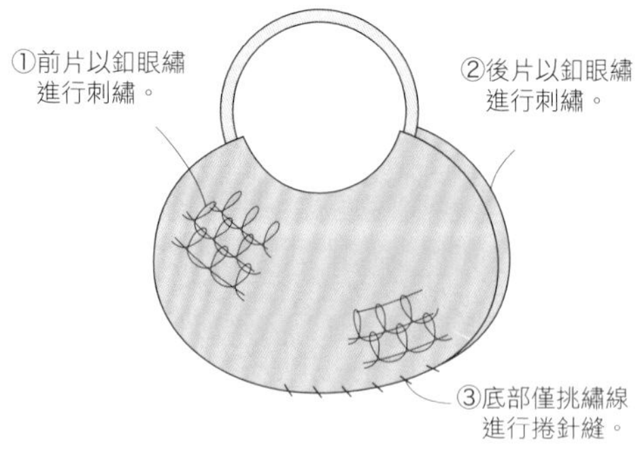

5.

完成！

23

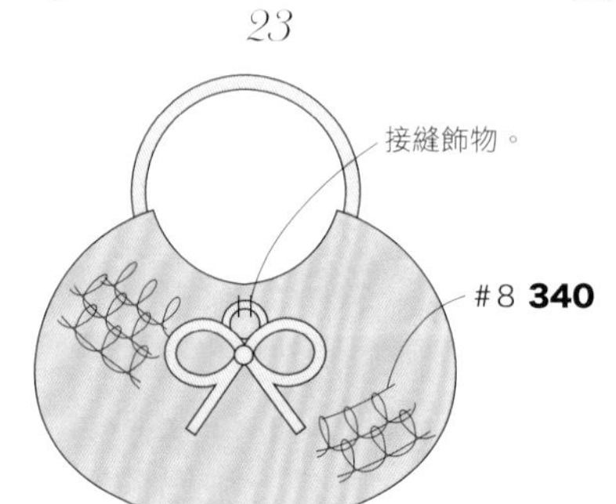

22

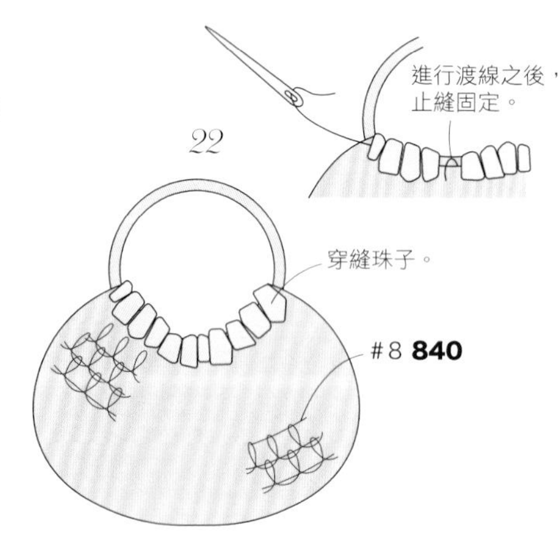

P.23 *20* 手提箱吊飾

1. 重疊3片不織布。
2. 依標示針數，以釦眼繡進行縫合：
   周圍的釦眼繡取1股線進行。
   第1至10段的釦眼繡取2股線進行刺繡。
   第1至9段，無加減針。
   第10段，於第9段無加減針再刺繡1段。
   共製作2組本體。
3. 製作提把：
   將＃26花藝鐵絲依紙型彎曲，
   並將頭尾端扭轉固定。
   全體塗上白膠後，捲繞繡線，
   再於上方橫桿處進行釦眼繡。
4. 將2組本體對齊重疊，包夾拉桿＆金屬珠，
   以捲針縫縫合。
5. 製作束帶：
   捲繞一圈繡線後，僅挑繡線，進行釦眼繡，
   作出浮於手提箱織面之上的束帶（參照P.64）。
6. 以釦眼繡製作側邊的提把。
7. 接縫飾物。

材料
不織布（水藍色）寬15cm 長8cm
8號繡線　**747　823　840　907**
花藝鐵絲（＃26／白色）1支
金屬珠（5mm／金色）　2顆
飾物　1個

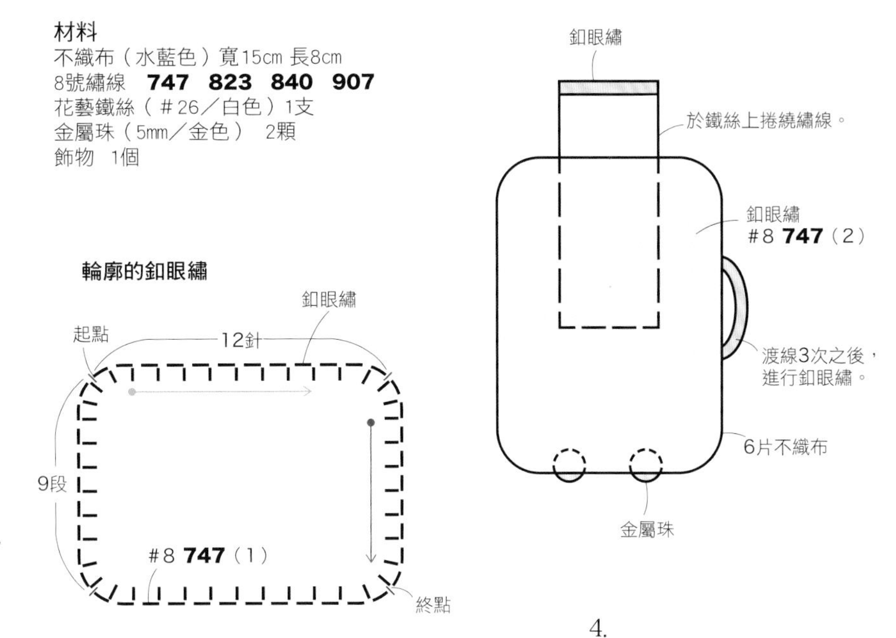

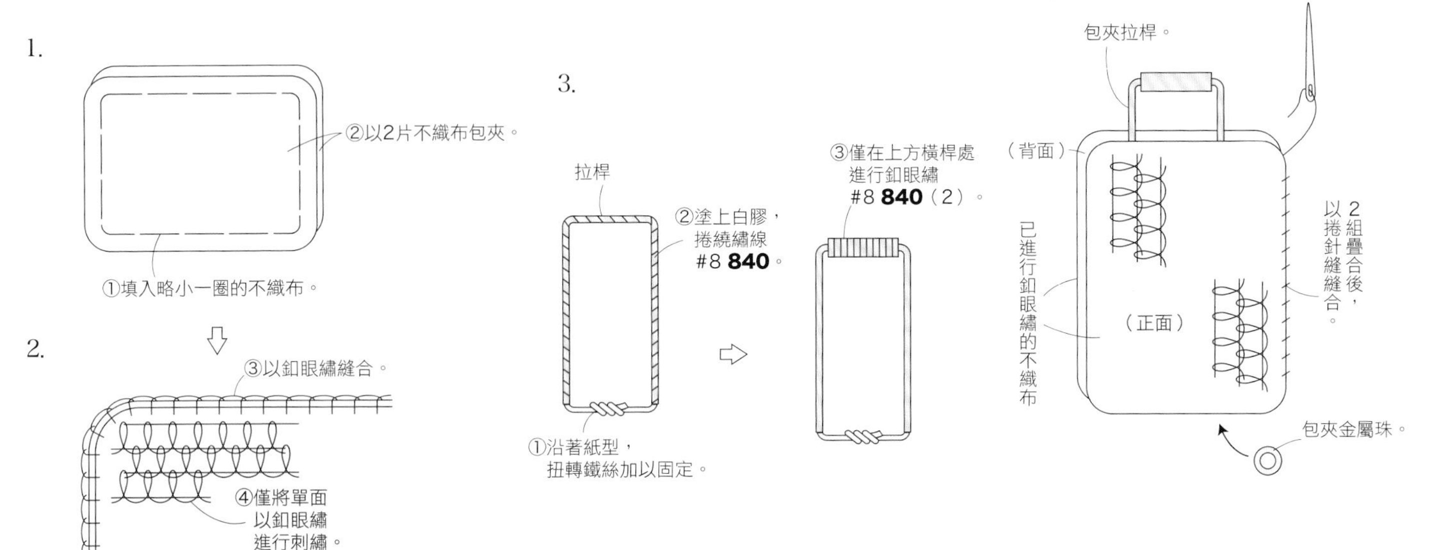

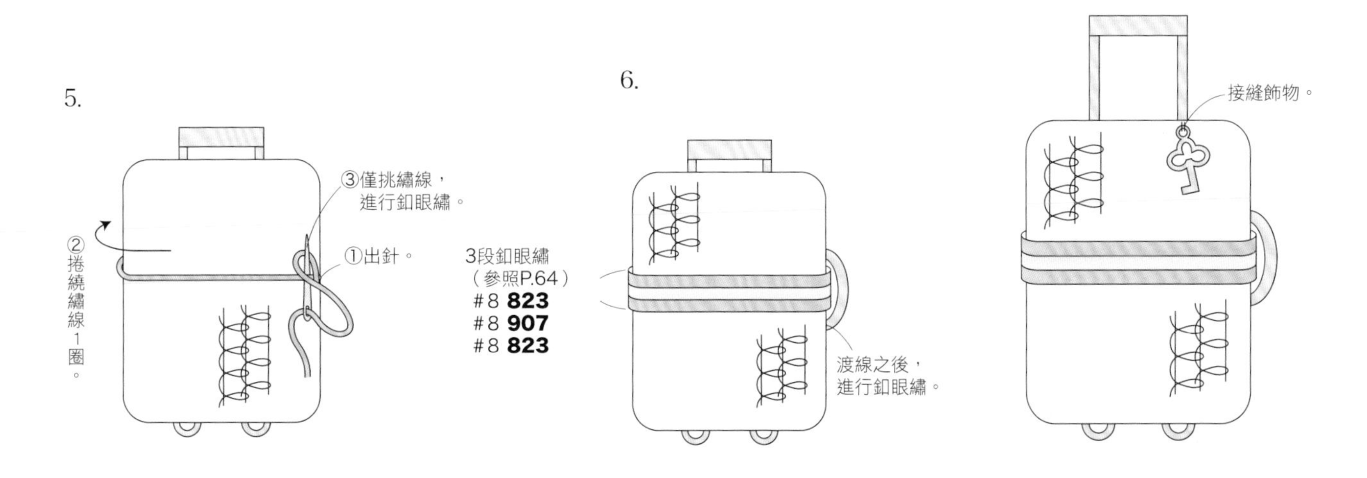

P.24 *b* 口紅

1. 以回針繡製作輪廓。
2. 製作口紅：
   起針5針。
   第1至2段，無加減針。
   第3段，增加1針。
   完成後，填入不織布，以捲針縫縫合。
3. 製作口紅芯（金色）：
   起針4針。
   第1至3段，無加減針。
   完成後，填入不織布，以捲針縫縫合。
4. 製作口紅盒（藍色）：
   起針6針。
   第1至4段，無加減針。
   完成後，填入不織布，以捲針縫縫合。

輪廓的回針繡

3段
終點
由左開始
#8 **3688**
#8 **3687**
#8 **3685**
5針
6針
起點
終點
4針
3段
4針
D 3821（1）
起點
終點
6針
6針
起點
4段
#8 **823**

原寸刺繡圖案

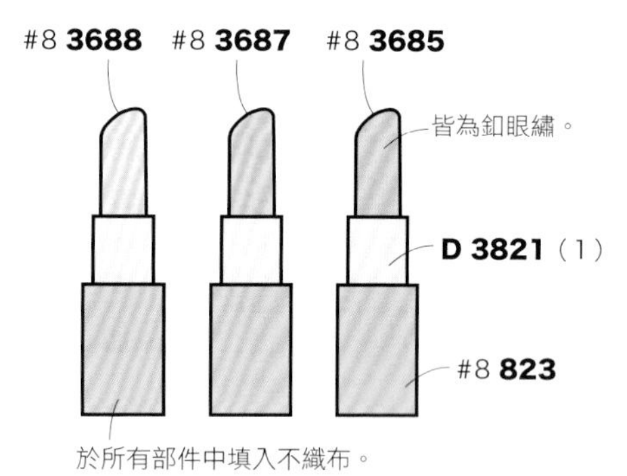

P.24 *e* 指甲油

1. 以回針繡製作輪廓。
2. 製作蓋子：
   起針9針。
   第1至3段，無加減針。
   完成後，填入不織布，以捲針縫縫合。
3. 製作指甲油：
   起針6針。
   第1至2段，無加減針。
   第3至4段，逐段減少1針。
   完成後，填入不織布，以捲針縫縫合。
4. 以輪廓繡繡上瓶身。

輪廓的回針繡

3段
終點
#8 **762**
9針
起點
由左邊開始
#8 **210**
#8 **3689**
#8 **335**
起點
6針
4段
4段
4針
終點

原寸刺繡圖案

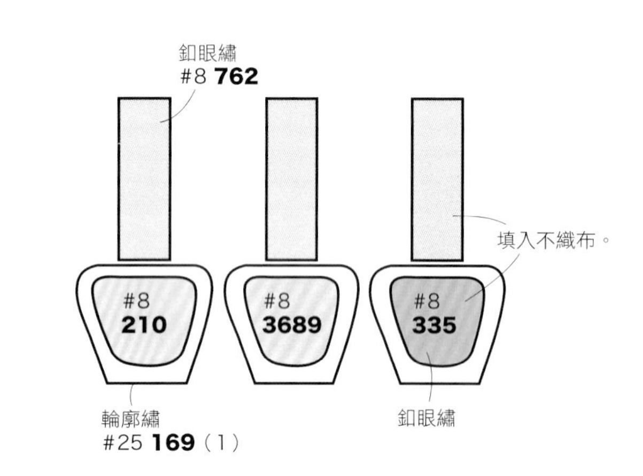

P.24 *d* 睫毛膏

1. 以回針繡製作輪廓。
2. 製作刷棒側的外盒：
   起針7針。
   第1至4段，無加減針。
   完成後，填入不織布，
   在其下方再填入羊毛，以捲針縫縫合。
3. 繡上睫毛刷：
   以輪廓繡繡出刷棒。
   以絨毛繡進行刺繡後修剪整齊，
   作為刷毛。
4. 製作外盒：
   起針15針。
   第1至4段，無加減針。
   完成後，填入不織布，
   在其下方再填入羊毛，以捲針縫縫合。
5. 穿入金線，加上裝飾線條。

輪廓的回針繡

原寸刺繡圖案

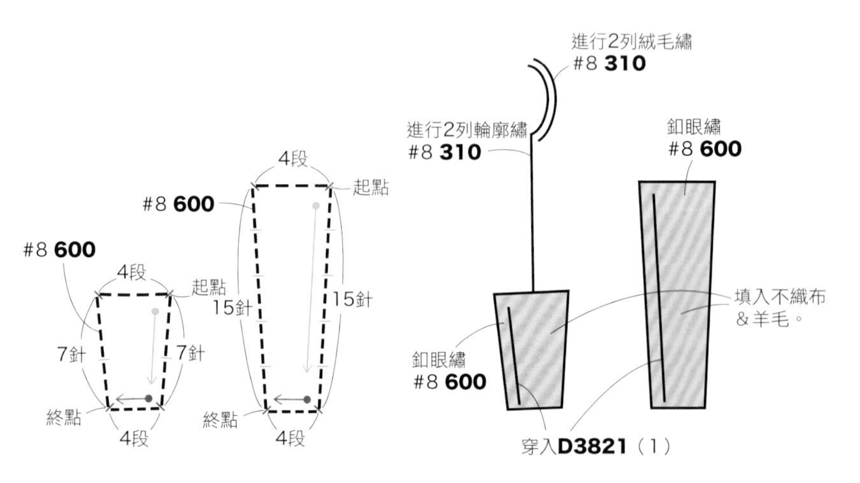

P.24 *g* 腮紅

P.24 *i* 眼影

1. 以回針繡製作輪廓。
2. 製作盒子：
   從①起針處，作20針起針。
   第1至2段，無加減針。
   完成後填入不織布，兩端各預留2針不縫合，
   以捲針縫縫合16針。
3. 依相同方式從②起針處進行刺繡。
4. 從③起針處，作10針起針。
   以①、②釦眼繡的橫線，進行渡線。
   第1至2段，無加減針。
   完成後，填入不織布，以捲針縫縫合。
5. 依③相同方式將④進行刺繡。
6. 以輪廓繡繡上盒子＆蓋子的分界線。
7. 進行眼影・腮紅刺繡。

眼影

起針10針。
第1至4段，無加減針。
完成後，填入不織布，以捲針縫縫合。
再以回針繡繡上間隙。

腮紅

左／起針10針。
第1至8段，無加減針。
完成後，填入不織布，以捲針縫縫合。
右／起針8針。
第1至5段，無加減針。
完成後，填入不織布，以捲針縫縫合。
再以回針繡繡上間隙。

輪廓的回針繡

i

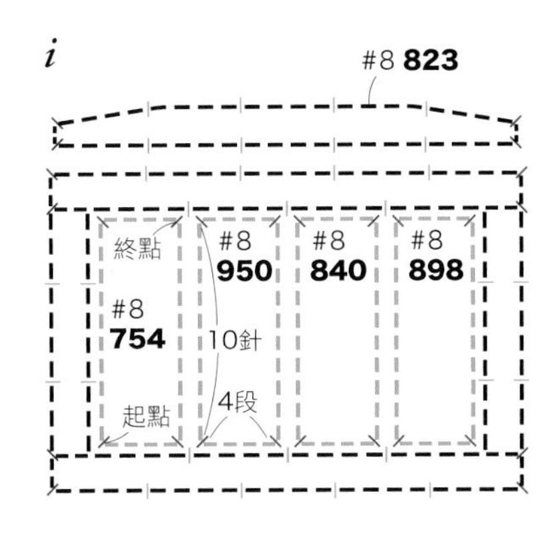

原寸刺繡圖案

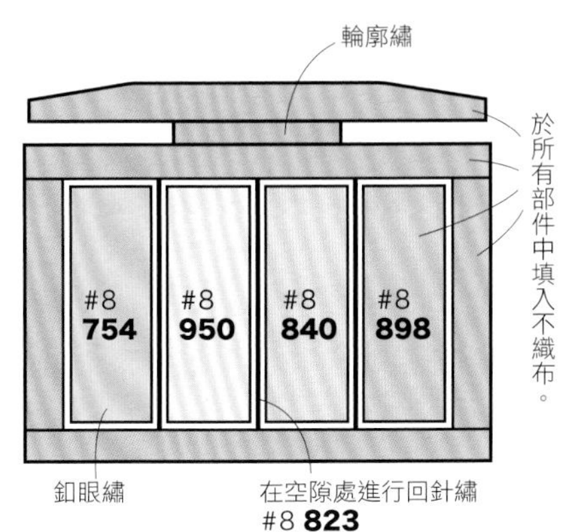

輪廓的回針繡

g

起點
8段
8針
終點
5段
#8 818
終點
10針
#8 ECRU
#8 761
起點

原寸刺繡圖案

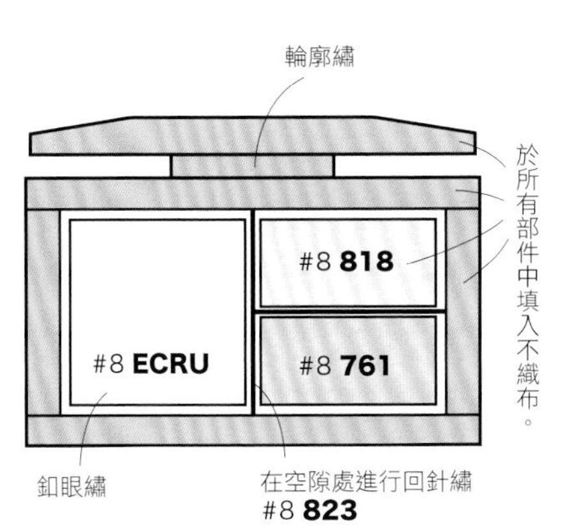

放大圖

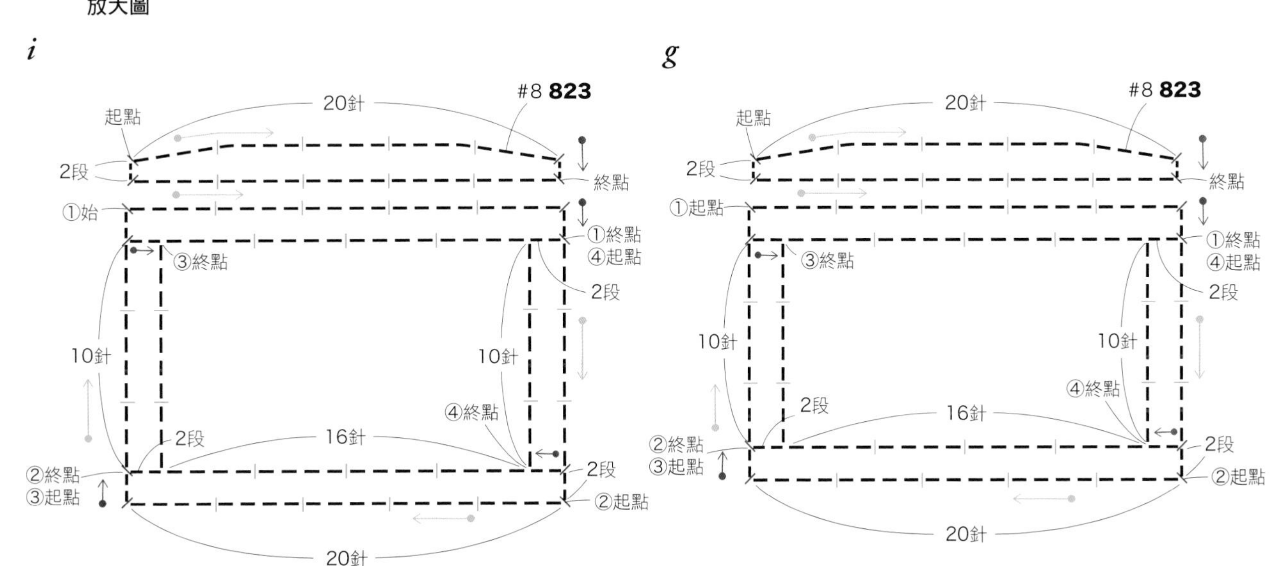

P.24 *f* 彩妝刷

1. 以回針繡製作輪廓。
2. 製作大筆刷：
   起針10針。
   第1至3段，無加減針。
   完成後，填入不織布，以捲針縫縫合。
3. 製作金屬握柄（銀色）：
   起針6針。
   第1至4段，無加減針。
   完成後，填入不織布，以捲針縫縫合。
4. 以絨毛繡進行刺繡＆修剪整齊，製作刷毛。
5. 製作小筆刷：
   起針11針。
   第1至2段，無加減針。
   完成後，填入不織布，以捲針縫縫合。
3. 製作金屬握柄（銀色）：
   起針7針。
   第1至2段，無加減針。
   完成後，填入不織布，以捲針縫縫合。
4. 以絨毛繡進行刺繡＆修剪整齊，製作刷毛。

輪廓的回針繡

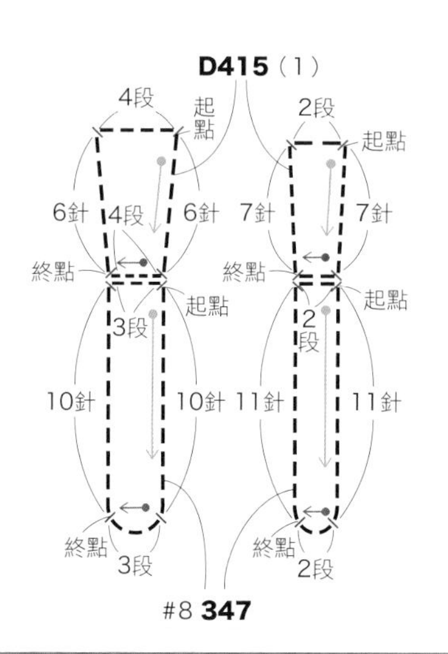

原寸刺繡圖案

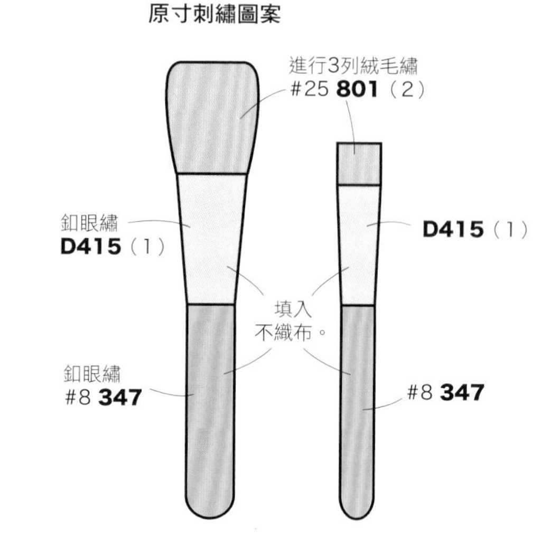

P.24 *c* 粉撲

1. 以回針繡製作輪廓。
2. 起針4針。
   第1至3段，逐段增加1針。
   第4段，無加減針。
   第5至7段，逐段減少1針。
3. 填入不織布，以捲針縫縫合。
4. 於周圍進行絨毛繡，修剪整齊。
5. 打個蝴蝶結，接縫於布上，
   並於背面出針，縫合固定。

輪廓的回針繡

起點
4針
7段
#8 3865
7段
4針
終點

原寸刺繡圖案

蝴蝶結接縫位置
釦眼繡
#8 3865
進行4圈絨毛繡
#8 3865

打一個蝴蝶結。
緞帶留長一些。
穿入針中，
往布的背面出針，
進行接縫。

P.24 *a* 香水

1. 以回針繡製作輪廓。
2. 製作瓶蓋：
   起針5針。
   第1至3段，無加減針。
   完成後，填入不織布，以捲針縫縫合。
3. 製作香水。
   起針5針。
   第1至3段，逐段增加1針。
   第4段　減少1針。
   第5至7段，無加減針。
   完成後，填入不織布，以捲針縫縫合。
4. 瓶身外側進行輪廓繡，內側進行回針繡。
5. 接縫蝴蝶結＆飾物。

輪廓的回針繡　原寸刺繡圖案

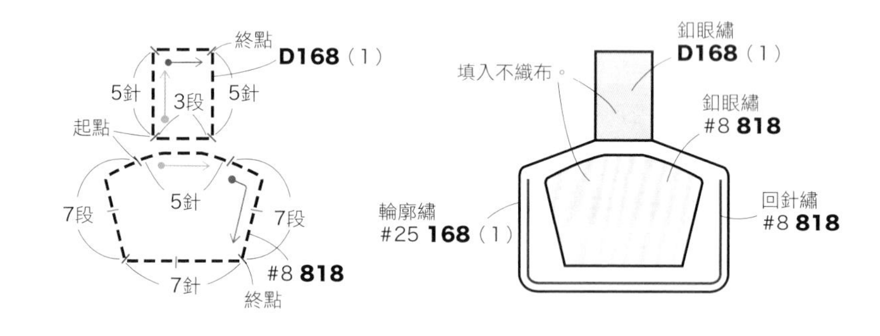

P.24 *b* 香水

1. 以回針繡製作輪廓。
2. 製作瓶蓋：
   起針10針。
   第1至2段，無加減針。
   完成後，填入不織布，以捲針縫縫合。
3. 製作香水：
   起針11針。
   第1至3段，無加減針。
   第4至6段，逐段減少1針。
   完成後，填入不織布，以捲針縫縫合。
4. 瓶身外側進行輪廓繡，內側進行回針繡。
5. 接縫飾物。

輪廓的回針繡　原寸刺繡圖案

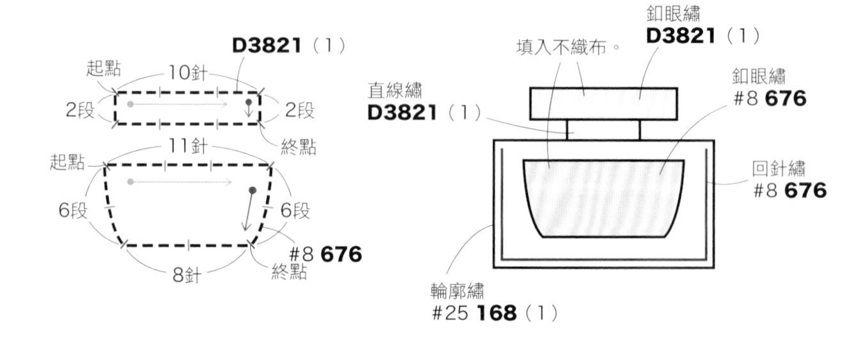

P.10 *10* 心形巧克力

1. 疊合2片不織布，依指定針數以釦眼繡進行縫合。途中填入羊毛。
2. 取2股線進行釦眼繡：
   起針7針。
   第1至3段，逐段增加1針。
   第4至9段，逐段減少1針。
3. 將剩餘的4針，以捲針縫與不織布的釦眼繡縫合。
4. 背面側也以相同方式進行刺繡，並以捲針縫與不織布的釦眼繡縫合。

輪廓的釦眼繡・原寸紙型

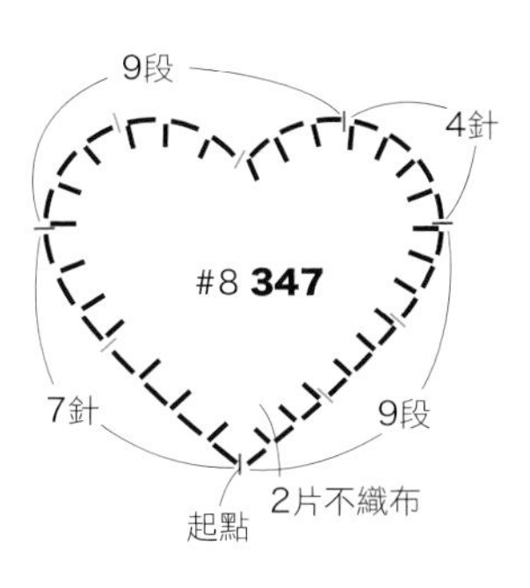

材料
不織布（紅色）寬4cm 長8cm
8號繡線　**347**
羊毛適量

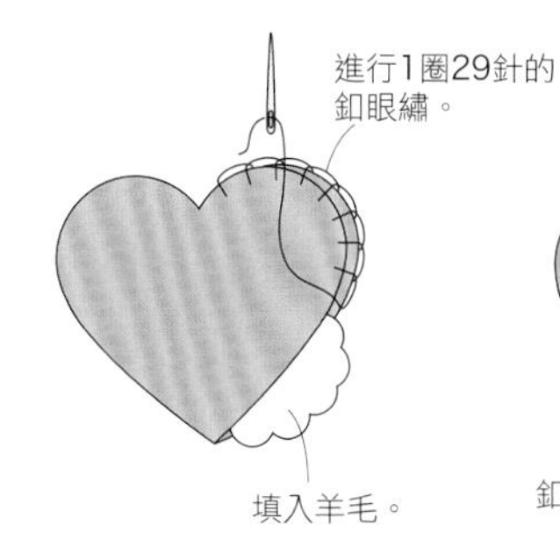

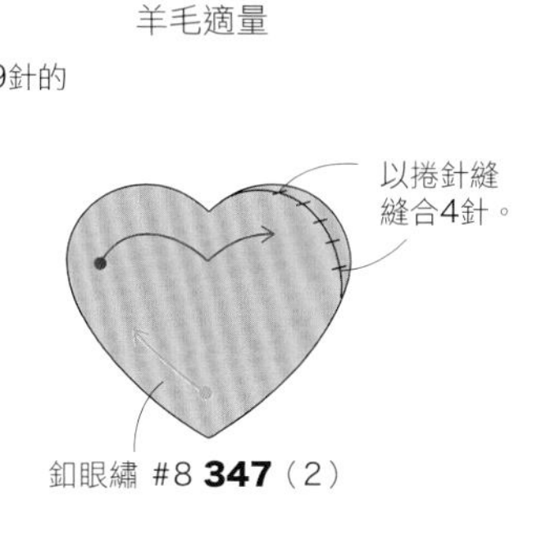

P.10 *13* 金磚巧克力

材料
不織布（焦茶色）寬8cm 長8cm
8號繡線　**938**
金線　**D3821**

1. 重疊2片不織布。
2. 依指定針數以釦眼繡進行縫合。
3. 再次疊放上另外2片不織布，暫時止縫固定。
4. 進行2圈釦眼繡。
5. 渡線。
   第1至8段，無加減針。
6. 與3的釦眼繡對齊後，以捲針縫縫合。
7. 取金線穿針，穿縫於不織布之間。

輪廓的釦眼繡・原寸紙型

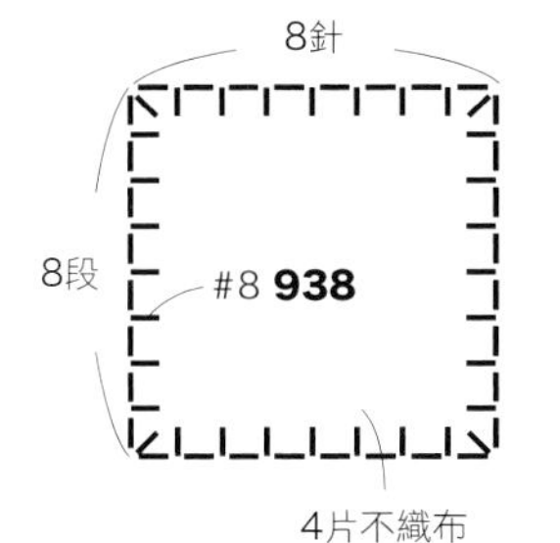

1.2. 將2片不織布對齊後，每一邊進行8針釦眼繡。

3.

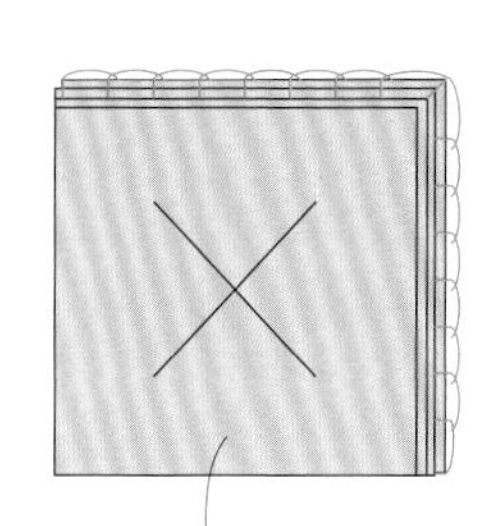

4.

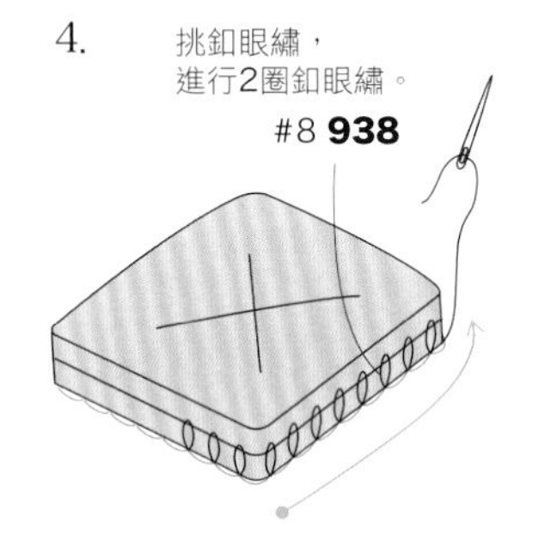

5.6.

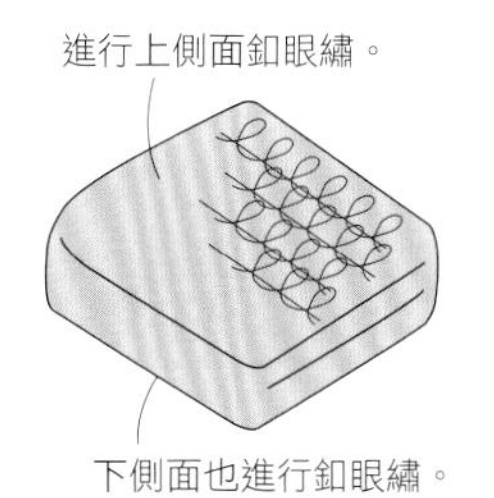

7.

P.10 *11* 蛋白糖霜脆餅

材料
不織布（白色）寬3cm 長3cm
8號繡線　**3865**

1. 於不織布上畫出形狀的底稿。
2. 製作撚繩（100cm×6股），將結目止縫固定。
3. 捲繞撚繩，作出形狀＆接縫固定。
4. 修剪多餘的不織布。

原寸刺繡圖案

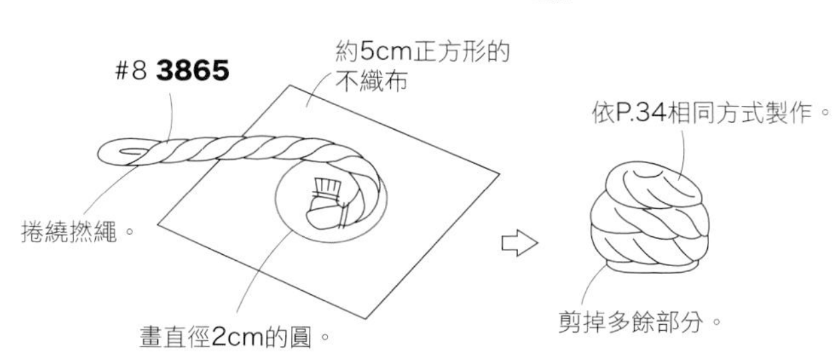

P.10 *12* 松露巧克力

材料
不織布（茶色）寬5cm 長3cm
8號繡線　**898**
12號繡線　**ECRU**
羊毛適量

1. 將2片不織布對齊後，以釦眼繡進行縫合。
2. 參照P.32製作，填入羊毛，以捲針縫縫合。

輪廓的釦眼繡・原寸紙型

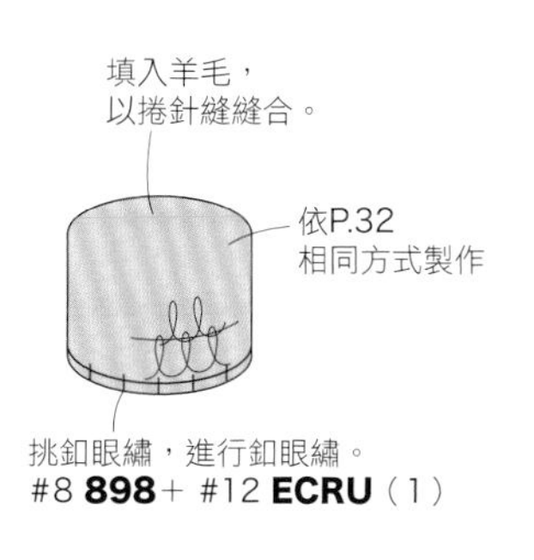

P.5 5 吊飾

材料（1個）
表布（麻布）寬15cm 長30cm
8號繡線　**738**
25號繡線　**3778**

1. 於布片上進行刺繡：
   以回針繡製作輪廓。
   起針9針。
   第1至3段，逐段增加1針。
   第4至6段，逐段減少1針。
   完成後，填入羊毛，以捲針縫縫合。
2. 預留縫份，裁剪周圍的布片。
   共製作2片。
3. 將長50cm的8號繡線作成圈狀，製作撚繩（參照P.34）。
4. 將縫份內摺，疊合2片為1組。
5. 包夾撚繩，以捲針縫縫合。

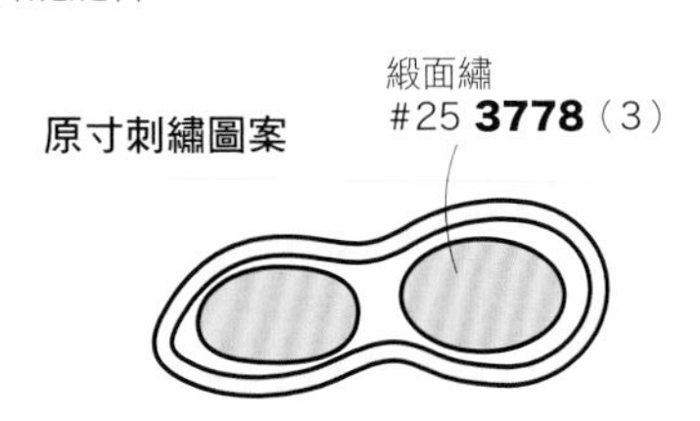

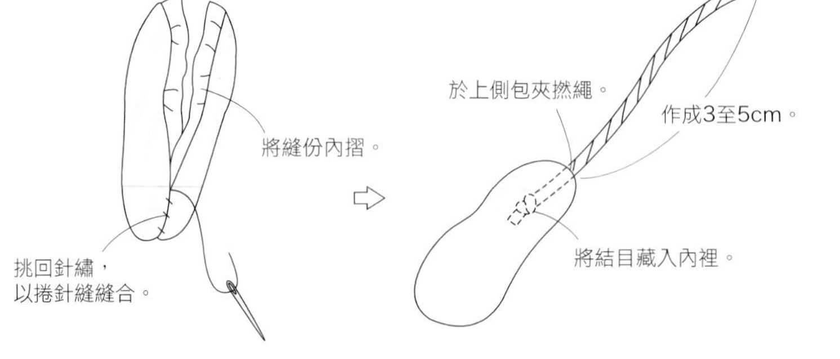

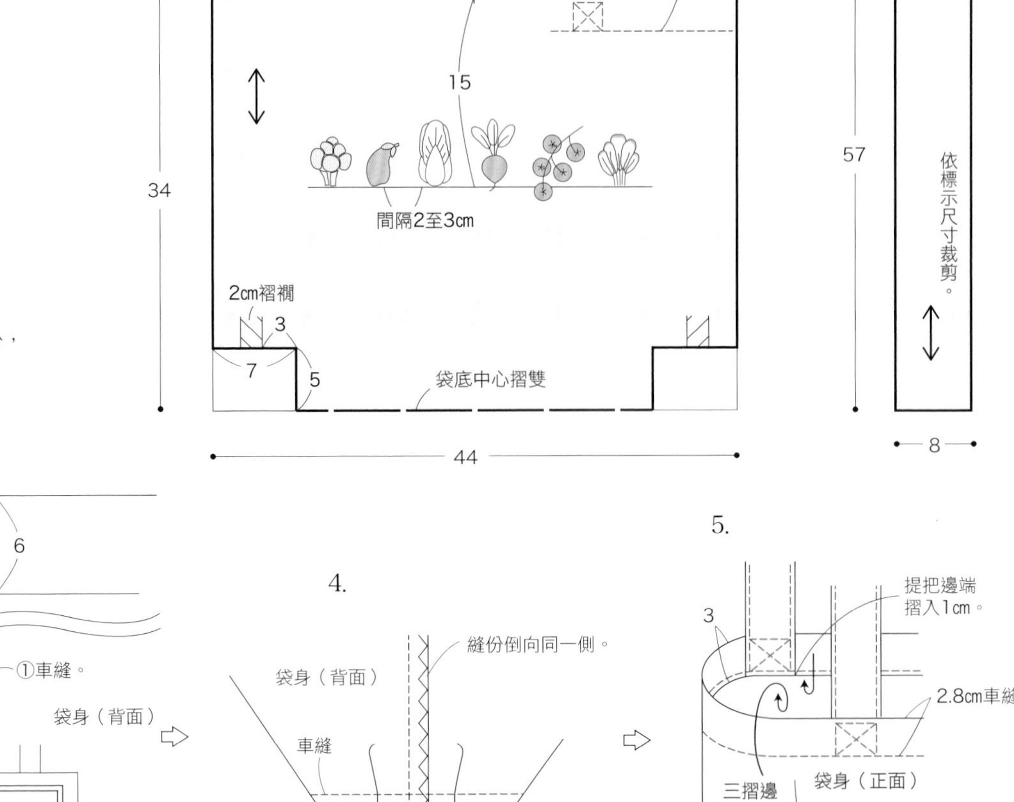

P.5 4 購物袋

材料
表布（麻布）寬70cm 長80cm
8號繡線適量
羊毛・不織布適量

1. 於布片上進行刺繡。
2. 將提把摺疊後，縫合。
   製作2條。
3. 縫合袋身的脇邊。
4. 摺疊側身的褶襉，縫合。
5. 摺疊袋身的袋口側縫份，
   夾入提把後縫合。

※ 袋身依標示尺寸，將周圍外加1cm縫份，
　袋口處外加6cm縫份，進行裁剪。

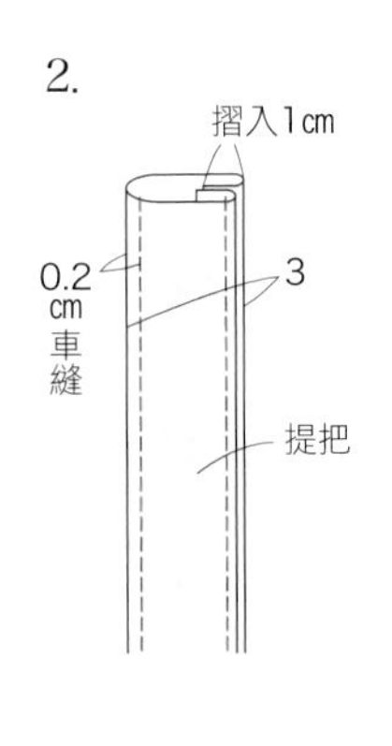

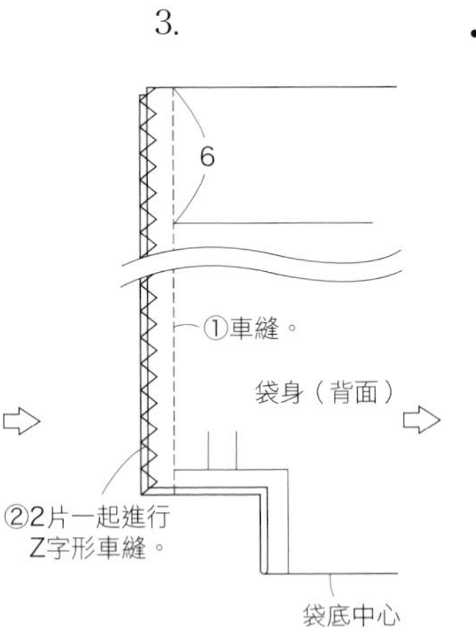

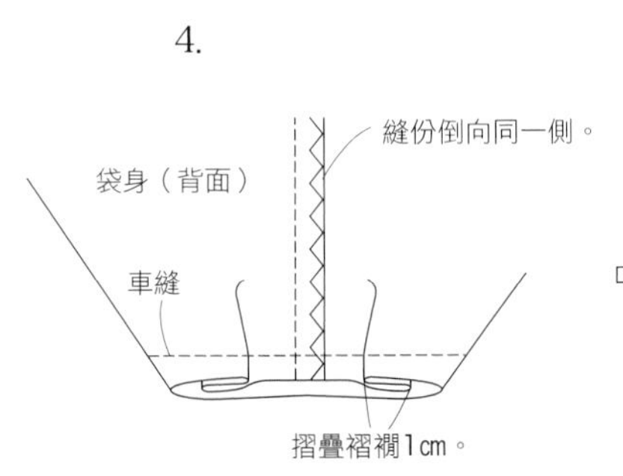

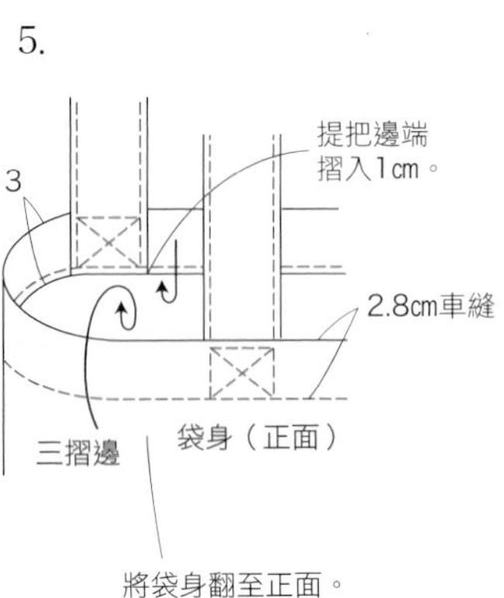

P.25 *25* 波奇包

材料
表布（麻布）寬20cm 長30cm
裡布（棉布）寬20cm 長30cm
拉鍊長22cm 1條
8號繡線 金蔥線適量
不織布適量

1. 於布片上進行刺繡。
2. 縫合拉鍊與側身。
3. 以疏縫線縫合拉鍊＆袋身。
4. 縫合袋身＆側身底部。
5. 縫合袋身＆拉鍊。
6. 將裡布縫份與拉鍊布帶縫合。
7. 摺疊裡布的側身縫份後，以藏針縫縫合。
※依紙型尺寸將周圍外加1cm縫份後，進行裁剪。

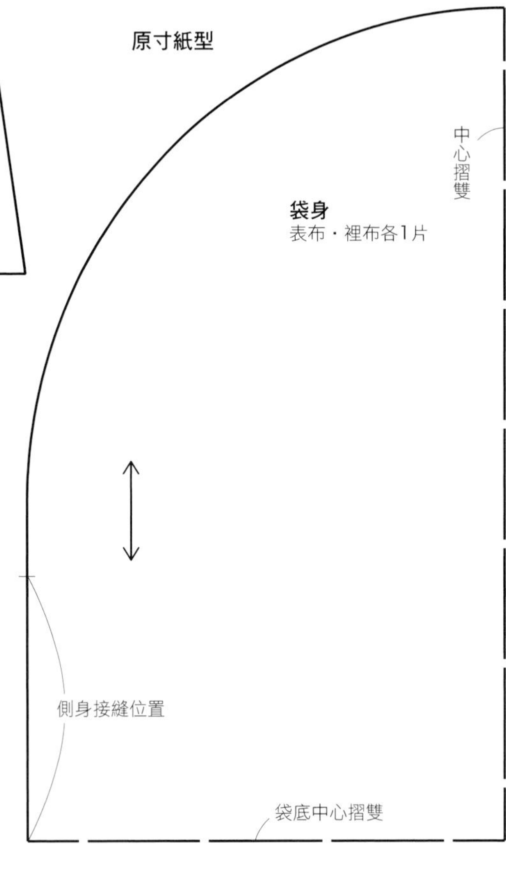

2.

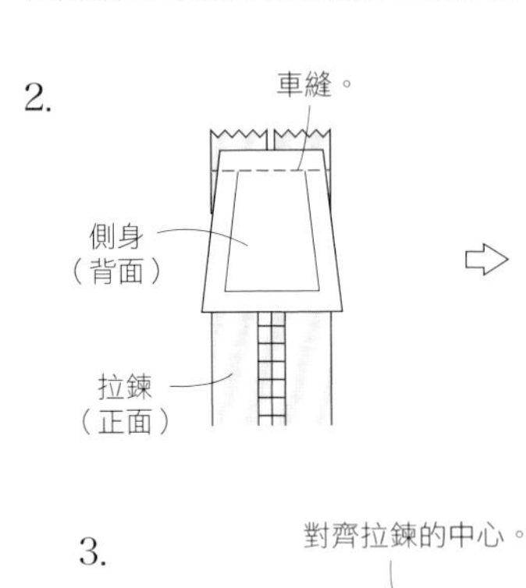

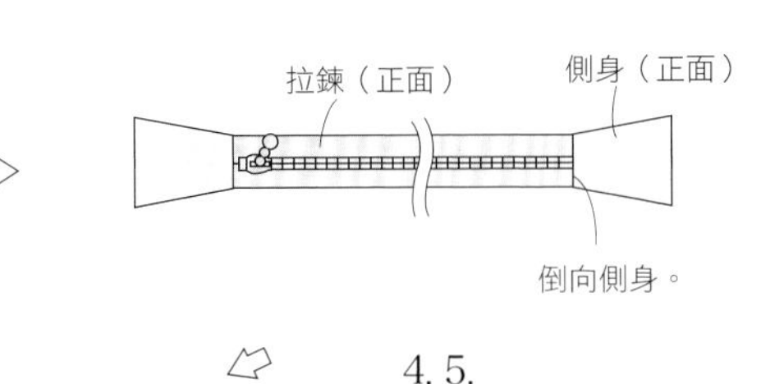

3.

4. 5.

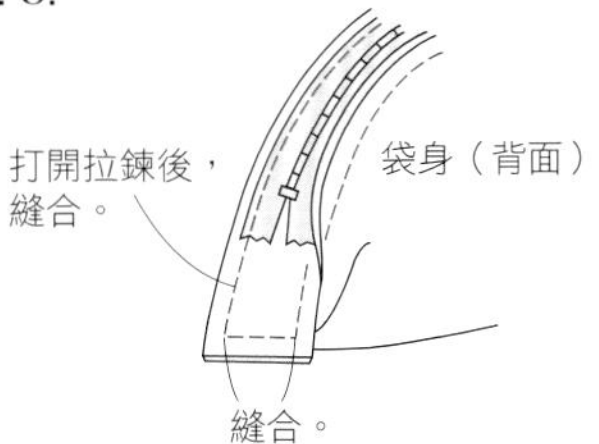

口紅的繡法參照P.74。

6.7.

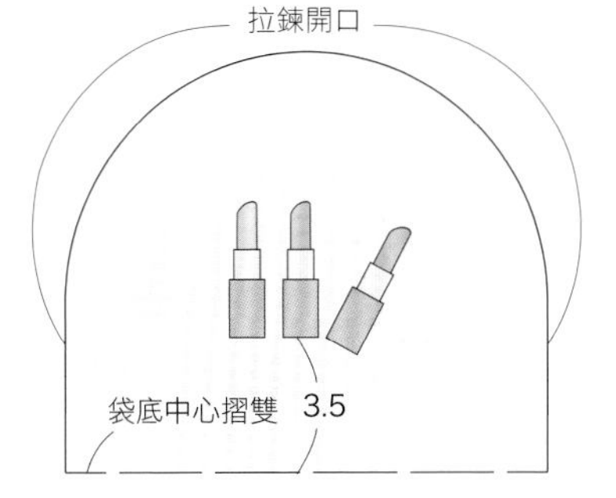

P.19 *17* 圍裙

於市售的圍裙上進行刺繡。

砂鍋的繡法參照P.61。
※砂鍋的顏色為＃8 **600**（本體・粉紅色）
＃8 **413**（鍋蓋頭・灰色）

熱水瓶的繡法參照P.61。
牛奶鍋的繡法參照P.63。

P.3 *1*至*3* 餐巾

於市售的餐巾（36cm正方形）進行刺繡。
櫻桃的繡法參照P.41。
西洋梨的繡法參照P.40。
李子的繡法參照P.41。

P.21 *19* 提籃

於市售的提籃袋布上進行刺繡。
提籃的繡法參照P.69。

P.19 *18* 隔熱墊／手套

手套的繡法參照P.62。
（繡法與P.62相同，
僅更換顏色。）

原寸刺繡圖案

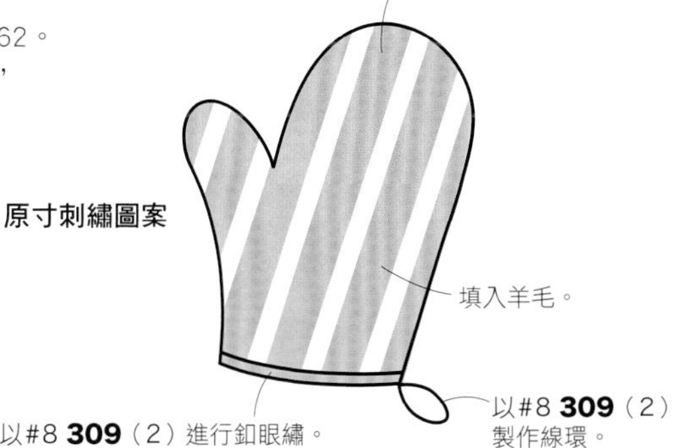

趣・手藝 103

蓬軟可愛の立體刺繡

作　　者／アトリエ Fil
譯　　者／彭小玲
發 行 人／詹慶和
執行編輯／陳姿伶
編　　輯／蔡毓玲・劉蕙寧・黃璟安
封面設計／韓欣恬
美術編輯／陳麗娜・周盈汝
出 版 者／Elegant-Boutique新手作
發 行 者／悅智文化事業有限公司　郵政劃撥帳號／19452608
戶　　名／悅智文化事業有限公司
地　　址／220新北市板橋區板新路206號3樓
網　　址／www.elegantbooks.com.tw
電子郵件／elegant.books@msa.hinet.net
電　　話／(02)8952-4078
傳　　真／(02)8952-4084

2020年10初版一刷　定價350元

Lady Boutique Series No.4433
PUKKURI KAWAII RITTAI SHISHU

經銷／易可數位行銷股份有限公司
地址／新北市新店區寶橋路235巷6弄3號5樓
電話／(02)8911-0825　傳真／(02)8911-0801

國家圖書館出版品預行編目(CIP)資料

蓬軟可愛の立體刺繡 / アトリエ Fil著 ; 彭小玲譯.
-- 初版. -- 新北市 : 新手作出版 : 悅智文化發行,
2020.10
面；　公分. -- (趣.手藝 ; 103)
ISBN 978-957-9623-58-2(平裝)

1.刺繡 2.手工藝

426.2　　109014929

Staff（日本原書製作團隊）

編輯／新井久子 三城洋子
攝影／山本倫子
流程攝影／藤田律子
書籍設計／右高晴美
製圖／白井麻衣
作法校閱／安彥友美

材料提供

●アドガー（ADGER）工業株式會社（布用轉印麥克筆）
〒304-0022
埼玉縣草加市瀬崎 5-43-9

● Tulip 株式會社（刺繡針 ・ 錐子）
〒733-0022
廣島市西區楠木町 4-19-8

●ディー ・ エム ・ シー株式會社（DMC 繡線）
〒101-0035
東京都千代田區神田紺屋町 13 番地　山東大樓 7 樓

雅書堂 EB 新手作
雅書堂文化事業有限公司
22070新北市板橋區板新路206號3樓
facebook 粉絲團:搜尋 雅書堂
部落格 http://elegantbooks2010.pixnet.net/blog
TEL:886-2-8952-4078 · FAX:886-2-8952-4084

趣・手藝 41

Q萌玩偶出沒注意！
輕鬆手作112隻療癒系の可愛不織布動物
BOUTIQUE-SHA◎授權
定價280元

趣・手藝 42

【完整教學圖解】
摺×疊×剪×刻4步驟完成120款美麗剪紙
BOUTIQUE-SHA◎授權
定價280元

趣・手藝 43

9位人氣作家可愛發想大集合
每天都想使用の萬用橡皮章圖案集
BOUTIQUE-SHA◎授權
定價280元

趣・手藝 44

動物系人氣手作！
DOGS & CATS・可愛の掌心貓狗動物偶（暢銷版）
須佐沙知子◎著
定價300元

趣・手藝 45

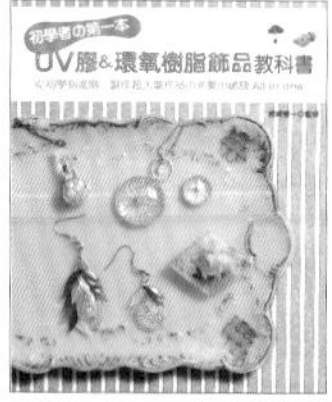
初學者の第一本UV膠飾品教科書
從初學到進階！製作超人氣作品の完美小祕訣All in one！
熊崎堅一◎監修
定價350元

趣・手藝 46

定食・麵包・拉麵・甜點・擬真度100%！輕鬆作1/12の微型樹脂土美食76道（暢銷版）
ちょび子◎著
定價320元

趣・手藝 47

全齡OK！親子同樂腦力遊戲完全版・趣味翻花繩大全集
野口廣◎監修
主婦之友社◎授權
定價399元

趣・手藝 48

牛奶盒作の！美麗布盒設計60選
清爽收納x空間點綴の好點子
BOUTIQUE-SHA◎授權
定價280元

趣・手藝 50

CANDY COLOR TICKET
超可愛の糖果系透明樹脂x樹脂土甜點飾品
CANDY COLOR TICKET◎著
定價320元

趣・手藝 49

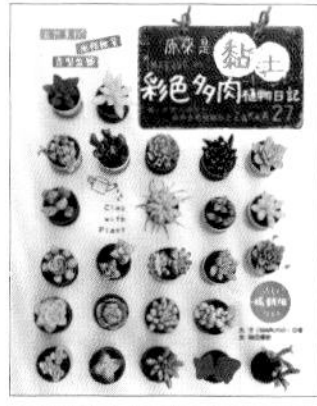
原來是黏土！MARUGOの彩色多肉植物日記：自然素材・風格雜貨・造型盆器懶人在家也能作の經典多肉植物黏土ZAKKA 27（暢銷版）
丸子（MARUGO）◎著
定價350元

趣・手藝 51

Rose window美麗&透光：玫瑰窗對稱剪紙
平田朝子◎著
定價280元

趣・手藝 52

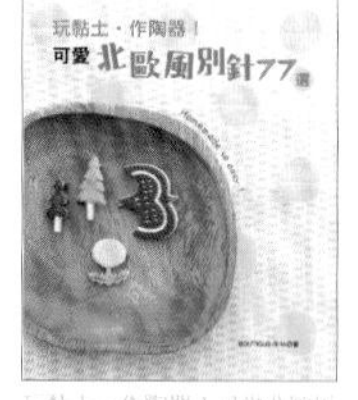
玩黏土・作陶器！可愛北歐風別針77選
BOUTIQUE-SHA◎授權
定價280元

趣・手藝 53

New Open・開心玩！開一間超人氣の不織布甜點屋
堀内さゆり◎著
定價280元

趣・手藝 54

Paper・Flower・Gift：小清新生活美學・可愛の立體剪紙花飾四季帖
くまだまり◎著
定價280元

趣・手藝 55

每日の趣味・剪開信封輕鬆作紙雜貨你一定會作的N個可愛版紙藝創作
宇田川一美◎著
定價280元

趣・手藝 56

可愛限定！KIM'S 3D不織布動物遊樂園（暢銷精選版）
陳春金・KIM◎著
定價320元

趣・手藝 57

家家酒開店指南：不織布の幸福料理日誌
BOUTIQUE-SHA◎授權
定價280元

趣・手藝 58

花・葉・果實の立體刺繡書
以鐵絲勾勒輪廓，繡製出漸層色彩的立體花朵（暢銷版）
アトリエ Fil◎著
定價280元

趣・手藝 59

黏土×環氧樹脂・袖珍食物&微型店舖230選
Plus 11間商店街店舖造景教學
大野幸子◎著
定價350元

趣・手藝 60

可愛到不行的不織布點心（暢銷新裝版）
寺西恵里子◎著
定價280元

趣・手藝 61

雜貨迷超愛的木器彩繪練習本
20位人氣作家×5大季節主題，一本學會就上手
BOUTIQUE-SHA◎授權
定價350元

趣・手藝 62

不織布Q手作：超萌狗狗總動員！
陳春金・KIM◎著
定價350元

趣・手藝 63

晶瑩剔透超美的！繽紛熱縮片飾品創作集
一本OK！完整學會熱縮片的著色、造型、應用技巧……
NanaAkua◎著
定價350元

趣・手藝 64

開心玩黏土！MARUGO彩色多肉植物日記2
懶人派經典多肉植物&盆組小花園
丸子（MARUGO）◎著
定價350元

趣・手藝 65

一學就會の立體浮雕刺繡可愛圖案集
Stumpwork基礎實作：填充物＋懸浮式技巧全圖解公開！
アトリエ Fil◎著
定價320元

趣・手藝 66

家用烤箱OK！一試就會作の陶土胸針&造型小物
BOUTIQUE-SHA◎授權
定價280元

趣・手藝 67

從可愛小圖開始學縫十字繡數格子×玩填色×特色圖案900+
大圖まこと◎著
定價280元

趣・手藝 68

超質感・繽紛又可愛的UV膠飾品Best37：開心玩×簡單作，手作女孩的加分飾品不NG初挑戰！
張家慧◎著
定價320元

趣・手藝 69

清新・自然～刺繡人最愛的花草模樣手繡帖

定價320元

趣・手藝 70

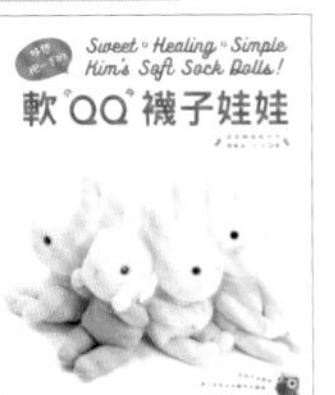

好想抱一下的軟QQ襪子娃娃
陳春金・KIM◎著
定價350元

趣・手藝 71

袖珍屋の料理廚房：黏土作の迷你人氣甜點&美食best82
ちょび子◎著
定價320元

趣・手藝 72

可愛北歐風の小巾刺繡：47個簡單好作的日常小物
BOUTIUQE-SHA◎授權
定價280元

趣・手藝 73

不能吃の～袖珍模型麵包雜貨：聞得到麵包香喔！不玩黏土，揉麵糰！
ぱんころもち・カリーノぱん◎合著
定價280元

趣・手藝 74

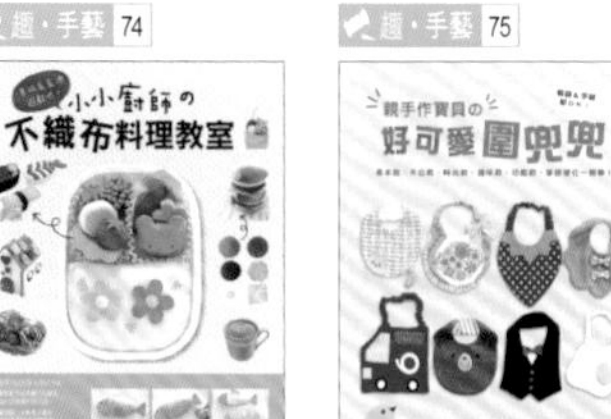

小小廚師の不織布料理教室
BOUTIQUE-SHA◎授權
定價300元

趣・手藝 75

親手作寶貝の好可愛圍兜兜
基本款・外出款・時尚款・趣味款・功能款，穿搭變化一極棒！（暢銷版）
BOUTIQUE-SHA◎授權
定價320元

趣・手藝 76

手縫俏皮の
不織布動物造型小物
やまもと ゆかり◎著
定價280元

趣・手藝 77

超可愛的迷你size！
袖珍甜點黏土手作課
関口真優◎著
定價350元

趣・手藝 78

華麗の盛放！
超大朵紙花設計集
空間&櫥窗陳列・婚禮&派對布置・特色攝影必備！（暢銷版）
MEGU（PETAL Design）◎著
定價380元

趣・手藝 79

收到會微笑！
讓人超暖心の手工立體卡片
鈴木孝美◎著
定價320元

趣・手藝 80

手揉胖嘟嘟×圓滾滾の
黏土小鳥
ヨシオミドリ◎著
定價350元

趣・手藝 81

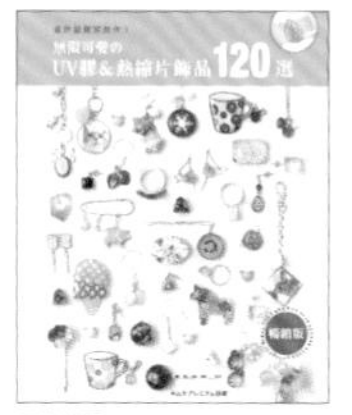

無限可愛の
UV膠&熱縮片飾品120選（暢銷版）
キムラプレミアム◎著
定價320元

趣・手藝 82

絕對簡單の
UV膠飾品100選
キムラプレミアム◎著
定價320元

趣・手藝 83

寶貝最愛的
可愛造型趣味摺紙書：
動動手指動動腦×
一邊摺一邊玩
いしばし なおこ◎著
定價280元

趣・手藝 84

超精選！有131隻喔！
簡單手縫可愛的
不織布動物玩偶
BOUTIQUE-SHA◎授權
定價300元

趣・手藝 85

靈活指尖&想像力！
百變立體造型的
三角摺紙趣味手作
岡田郁子◎著
定價300元

趣・手藝 86

暖萌！
玩偶の不織布手作遊戲
BOUTIQUE-SHA◎授權
定價300元

趣・手藝 87

超可愛手作課！
輕鬆手縫84個不織布造型偶
たちばなみよこ◎著
定價320元

趣・手藝 88

集合囉！
超可愛的黏土動物同樂會
幸福豆手創館（胡瑞娟 Regin）◎著
定價350元

趣・手藝 89

超可愛！
換裝娃娃×動物摺紙58變
いしばし なおこ◎著
定價300元

趣・手藝 90

捲筒紙芯變花樣
剪一剪&捏一捏，
紙捲花開了！
阪本あやこ◎著
定價300元

趣・手藝 91

可愛感狂飆！
超簡單！動物系黏土迴力車
幸福豆手創館（胡瑞娟 Regin）◎著權
定價320元

趣・手藝 92

Petty's手作旅人誌
超可愛網美風黏土娃娃
蔡青芬◎著
定價350元

趣・手藝 93

手繪植物風橡皮章應用圖帖
HUTTE.◎著
定價350元

趣・手藝 94

清新&可愛小刺繡圖案300+：
一起來繡花朵、小動物、日常雜貨吧！
BOUTIQUE-SHA◎授權
定價320元

趣・手藝 95

甜在心・剛剛好×精緻可愛！
MARUGO教你作職人の
手揉黏土和菓子
丸子（MARUGO）◎著
定價350元

趣・手藝 96

有119隻喔！童話Q版の可愛動物不織布玩偶
BOUTIQUE-SHA◎授權
定價300元

趣・手藝 97

大人的優雅捲紙花：輕鬆上手！基本技法&配色要點一次學會！
なかたにもとこ◎著
定價350元

趣・手藝 98

色彩×幾何大挑戰！立體の組合式摺紙彩球設計24例
BOUTIQUE-SHA◎授權
定價350元

趣・手藝 99

英倫風手繪感可愛刺繡500選
E & G Creates◎授權
定價380元

趣・手藝 100

超可愛娃娃布偶&木頭偶
5人作家愛藏精選！
美式鄉村風×漫畫繪本人物×童話幻想
今井のりこ・鈴木治子・斉藤千里
田畑聖子・坪井いづよ◎授權
定價380元

趣・手藝 101

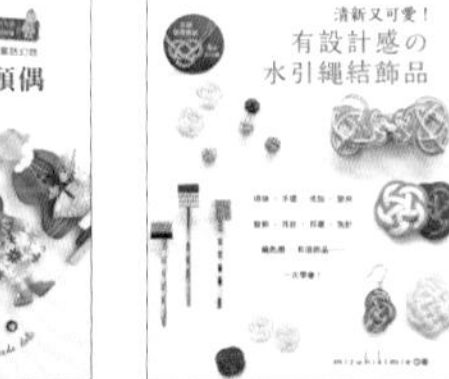

清新又可愛！
有設計感の水引繩結飾品
mizuhikimie◎著
定價320元

趣・手藝 102

擴展創造力的摺紙遊戲書
寺西恵里子◎著
定價380元